农田污染物
生态修复技术

徐东昱　谢运河　高博　等　著

中国水利水电出版社
·北京·

内 容 提 要

本书主要介绍了重金属污染农田的生态修复技术。全书共8章，主要内容包括：农田重金属污染成因、污染特征、风险分析；重金属在农田种植作物中的累积性及适应性；重金属污染农田的各种治理技术及土壤修复产品的研发与优化。

本书可供环境科学与工程、环境化学、农业工程、生态学及土壤学等相关专业的研究人员、管理人员及高等院校相关师生阅读与参考。

图书在版编目（CIP）数据

农田污染物生态修复技术 / 徐东昱等著. -- 北京：中国水利水电出版社，2021.12
ISBN 978-7-5226-0117-5

Ⅰ.①农… Ⅱ.①徐… Ⅲ.①农田污染－生态恢复 Ⅳ.①X53

中国版本图书馆CIP数据核字(2021)第209455号

书　　名	**农田污染物生态修复技术** NONGTIAN WURANWU SHENGTAI XIUFU JISHU
作　　者	徐东昱　谢运河　高博　等著
出版发行	中国水利水电出版社 （北京市海淀区玉渊潭南路1号D座　100038） 网址：www.waterpub.com.cn E-mail：sales@waterpub.com.cn 电话：(010) 68367658（营销中心）
经　　售	北京科水图书销售中心（零售） 电话：(010) 88383994、63202643、68545874 全国各地新华书店和相关出版物销售网点
排　　版	中国水利水电出版社微机排版中心
印　　刷	北京中献拓方科技发展有限公司
规　　格	184mm×260mm　16开本　10印张　243千字
版　　次	2021年12月第1版　2021年12月第1次印刷
定　　价	56.00元

凡购买我社图书，如有缺页、倒页、脱页的，本社营销中心负责调换
版权所有·侵权必究

前 言

中国是农业大国，农田土壤是我国社会经济可持续发展的物质基础。随着城市化和工业化的迅速发展，我国土壤污染问题日趋加重，农业生产活动导致我国耕地土壤大范围污染，特别是农药和化肥等的使用，不仅引起了农田土壤的重金属污染，也对农田所在流域的生态健康产生了重要影响。重金属污染物作为一类主要的农田污染物，具有高毒性、不可降解性，极易通过作物吸收富集，从而进入食物链，极大威胁着人类的健康。农田土壤的污染，绝非单一重金属污染物的问题，主要以几种重金属污染物并存的复合污染为主，镉砷复合污染最为常见。因此，我国农田土壤污染的综合治理工作任重而道远。

土壤重金属修复方法多样，传统的物理修复方法和化学修复方法不仅经济投入大，而且易引起农田土壤结构和组成发生重大变化，从而影响农作物的生长，不符合我国绿色农业生态可持续发展的理念。因此，土壤重金属的生态修复技术是我国农田污染物治理的核心，得到了政府和学术界的高度重视。

本书是国家重点研发计划"农村黑臭水体截源治污生态景观一体化关键技术与集成示范"（2019YFD1100205）和水利部公益性行业科研专项经费项目"重金属污染农田生态水利修复技术研究与示范"（201501019）相关研究成果的总结和深化。本书在总结前期研究结果的基础上，主要围绕我国农田水稻重金属累积特征及生态适应性、稻田灌溉水重金属污染特征及风险进行了评价，对重金属农田生态萃取技术、生态修复净化技术及农艺调控技术等进行了研究，利用水利修复和农艺调控相结合的技术实现了农田重金属污染物去除，同时，对重金属污染土壤修复产品进行了研发，形成了针对农田镉污染的硅基钝化剂产品，达到了较好的生态修复效果。

本书编写工作由徐东昱、谢运河和高博统筹策划。全书共分8章，具体撰写分工如下：第1章由徐东昱、纪雄辉、高博、谢运河、刘玲花、张永婷撰写；第2章由谢运河、潘淑芳撰写；第3章由刘昭兵、薛涛撰写；第4章由柳赛花、潘淑芳撰写；第5章由徐东昱、高博撰写；第6章由田发祥、谢运河撰写；第 7 章由谢运河、陈娇撰写；第 8 章由徐东昱、高博、刘玲花、张永婷撰写。本书出版得到了国家重点研发计划"农村黑臭水体截源治污生态景观一体化关键技术与集成示范"（2019YFD1100205）和水利部公益性行业科研专项经费项目"重金属污染农田生态水利修复技术研究与示范"（201501019）的大力支持，在研究过程中得到了长江科学院教授级高级工程师李青云、林莉、汤显强、王振华、赵良元及高级工程师胡艳平、胡园等的帮助。在此向支持和帮助过作者研究工作的所有单位及个人表示诚挚的感谢。本书编写过程中所借鉴的已有研究成果均作为参考文献列出，特向所有文献作者致以谢意。

由于作者水平有限，且受研究时间、研究方法等条件的限制，书中难免存在疏漏和不足之处，敬请广大读者批评指正。

作者

2021 年 5 月

目 录

前言

第1章 绪论 ········· 1
1.1 研究背景 ········· 1
1.2 农田重金属污染特征 ········· 2
1.3 污染成因 ········· 4
1.4 重金属污染耕地修复技术 ········· 6

第2章 水稻重金属累积特征及生态适应性 ········· 13
2.1 实验材料与方法 ········· 13
2.2 实验结果与讨论 ········· 14
2.3 本章小结 ········· 21

第3章 稻田灌溉水重金属污染特征及风险 ········· 22
3.1 稻田灌溉水重金属污染特征 ········· 22
3.2 稻田灌溉水重金属污染健康风险评价 ········· 27

第4章 重金属污染农田生态萃取技术及风险 ········· 35
4.1 实验材料与方法 ········· 35
4.2 实验结果与讨论 ········· 38
4.3 本章小结 ········· 51

第5章 重金属污染农田生态修复水体净化技术 ········· 53
5.1 生态渠塘系统重金属Cd净化基质的筛选研究 ········· 53
5.2 生物减污渠中Cd吸附剂的筛选研究 ········· 66
5.3 净化装置研究 ········· 72
5.4 生态渠塘小试装置的运行实验研究 ········· 77
5.5 重金属污染农田生态水利综合修复技术集成与示范 ········· 87
5.6 净化模式构建与示范 ········· 92

第6章 重金属污染农田农艺调控技术 ········· 96
6.1 淹水降Cd技术研究 ········· 96
6.2 土壤调理技术研究 ········· 101
6.3 叶面阻控技术研究 ········· 107

第7章 重金属污染土壤修复产品研发与技术优化 113
7.1 硅基钝化剂降 Cd 产品研发 113
7.2 硅基钝化剂对水稻的降 Cd 效果及施用参数优化 117
7.3 碱性缓释肥料的降 Cd 效果及施用参数优化 125
7.4 基于重金属钝化的肥料减量施用技术 129

第8章 结论与展望 135
8.1 主要研究结论 135
8.2 研究展望 139

参考文献 141

第1章 绪　　论

1.1 研　究　背　景

农田土壤是经济社会可持续发展的物质基础，关系到人民群众的身体健康。保护好农田土壤环境是推进生态文明建设和维护国家生态安全与粮食安全的重要内容。随着城市化和工业化的快速推进，我国土壤污染问题越来越严重，而重金属是对土壤环境污染影响最大的污染物。土壤中的重金属来源主要有采矿、大气沉降、污水灌溉、化学肥料与农药的施用、城市垃圾的堆积及污泥利用等，其在土壤中的存在形态很大程度上取决于它的生物毒性（张小江 等，2020）。与有机污染物不同，重金属具有高毒性和不可降解性（刘勇 等，2019；Shao et al.，2014），会对生态环境造成一定程度的破坏，而农田土壤中的重金属会被所种植的作物吸收利用，最终通过食物链富集进入人体内（熊仕娟 等，2015），从而对人体造成危害。有研究表明，人类体内重金属胶体浓度的升高与富含重金属胶体产品的消费直接相关（Zhuang et al.，2014）。

重金属是指密度在 $4.0g/cm^3$ 或 $5.0g/cm^3$ 以上的金属，其中镉（Cd）、砷（As）、铅（Pb）、铬（Cr）、汞（Hg）5种元素因其生物毒性大被称为"五毒元素"（李湘萍 等，2018）。重金属进入土壤会使土壤质量退化、生态与环境恶化，受重金属污染的土壤其组成结构和功能会发生变化，从而抑制微生物的新陈代谢，影响作物的呼吸和光合作用。土壤重金属污染多为几种重金属并存的复合污染（Evanko et al.，1997），Cd、As复合污染是土壤中最常见的类型。2014年环境保护部和国土资源部发布的《全国土壤污染状况调查公报》显示，我国农田土壤点位超标率为19.4%，以重金属污染为主，其中镉（Cd）、汞（Hg）、砷（As）、铜（Cu）、铅（Pb）、铬（Cr）、锌（Zn）和镍（Ni）8种无机污染物点位超标率分别为7.0%、1.6%、2.7%、2.1%、1.5%、1.1%、0.9%和4.8%。2007年，国土资源部发布报告称，我国受污染土地达到1.5亿亩，相当于1000万 hm^2，其中重金属污染粮食1200万 t，直接经济损失超过200亿元。目前已经约20%的耕地受到了不同程度的重金属污染，每年因重金属污染造成的粮食减产1000多万 t，被重金属污染的粮食每年达1200万 t，合计经济损失至少200亿元（张小江 等，2020；Li et al.，2006）。土壤中的Cd、As皆具有较高的生物毒性，对环境污染的持续时间长且不可降解，重金属污染农田将直接导致农产品重金属含量超标，危害人类健康，导致农产品滞销、农民收入减少、农业经济下滑及社会经济不稳定。随着生态文明建设、乡村振兴战略和美丽中国建设的不断推进，农田生态环境保护日益受到重视，农田土壤环境质量与农产品质量、产量和农田生态系统安全关系密切，关乎我国农业农村持续健康发展。可见，土壤重金属污染的修复治理是保证我国粮食安全的重要策略，其污染治理迫在眉睫。

目前，土壤重金属修复方法分为物理化学法和生物法。物理化学法主要包括客土、钝化、淋洗、电动修复、化学固定等；生物法主要包括植物法、微生物法和动物法。传统的土壤重金属修复技术如热处理和土壤淋洗法等由于经济投入大，并且会造成环境的破坏，不适合所有质地土壤，不符合绿色可持续的发展理念（董家麟，2018；王斌 等，2018）。并且，常规的土壤重金属治理技术局限于将重金属在污染土壤介质中进行原位或异位处理，成本较高，而且会对作物的正常生长产生一定干扰。因此，迫切需要突破传统且单一的重金属修复方式，研究出一种集多种技术于一体的绿色可持续发展的农田土壤重金属修复技术。

本书以稻田 Cd 污染为研究对象，将农田水利、生态修复、农业处理技术有机结合，对环保淋洗、电动退水、农艺调控和生态渠塘净化等关键技术进行研发与优化集成，将土壤中的重金属转移进入水体后去除，构建农田重金属污染土壤的生态水利综合修复技术，实现土壤有效态重金属的逐步洗脱转移及残留态重金属的联合阻控，在不干扰正常耕作的条件下，达到清洁土壤和减少稻田 Cd 富集量的目的，从而防止稻田土壤重金属超标。

1.2　农田重金属污染特征

1.2.1　污染现状

土壤是地球生态系统重要的组成部分，在生态系统中有着重要的地位，土壤生化物质含量影响着地表生物的生长，尤其是各种化学物质含量的超标不但影响植物的正常生长，而且通过食物链等途径进入人体及其他动物体内富集，影响人体健康。随着矿产资源的大量开发利用，工业生产的迅猛发展和各种化学产品、农药及化肥的广泛使用，含重金属的污染物通过各种途径进入环境，造成土壤尤其是农田土壤重金属污染日益严重。我国是目前世界上人口最多的国家，同时也是耕地资源极为紧张的国家之一（Sun et al.，2013）。我国农田土壤重金属污染形势严峻，对我国 30 万 hm^2 基本农田保护区土壤中有害重金属的抽查结果发现，土壤重金属点位超标率达 12.1%（Li et al.，2006）。由于我国各个城市的地理环境、经济发展、城市特点等不同，土壤重金属污染的类型和程度也存在差异（胡蝶 等，2011）。针对污染特别严重的污灌区，农业部特意进行了调研，在全国范围内随机抽样抽到了一块大小为 140 万 hm^2 的污灌区，发现灌区内遭受重金属污染的土地面积占污灌区总面积的 64.8%。根据污染程度，我们将污灌区内土地区域分为严重污染区、中度污染区和轻度污染区，其占该污灌区面积的比例分别为 8.4%、9.7% 和 46.7%（《全国土壤污染状况调查公报》，2014）。

从污染分布情况看，南方土壤污染重于北方，长江三角洲、珠江三角洲、东北老工业基地等部分区域土壤污染问题较为突出，西南、中南地区土壤重金属超标范围较大，而这些地区正是我国主要的粮食产区（Evanko et al.，1997）。2008 年全国土地变更调查统计数据表明，全国 18.26 亿亩耕地面积有 12% 以上已受到重金属污染，主要的重金属种类包括 Cd、As、Pb、Hg 等，其中水稻田的重金属污染问题尤为严重。王静等（2012）的研究指出全国镉严重污染土地已超过 1.33 万 hm^2。宋伟等（2013）对近 20 年来土壤重金属污染研究的整理显示，我国城市、城郊和农村均存在不同程度的农田重金属污染问题，涉及全国 83.9% 的省份和 22.5% 的地级市。Teng 等（2014）和 Li 等（2006）对全国土壤重金属含量的监测显示农田土壤重金属污染类型在增多，面积在扩大，程度在提高。赵其国等（2015）指出我国区域农田土壤重金属污染严重，以西南（云南、贵州等地）、华中（湖南、江西等地）、长江三角洲及珠江三角洲等地区较为突出。

近年来，国内发生了数起重金属污染相关的事件，包括镉大米、镉小麦、血铅超标等，土壤重金属污染已成为影响社会稳定的重要因素。湖南省是镉大米事件频发的"重灾区"，2013年发生的湖南省镉大米事件震惊国内外。除湖南以外，我国南方广东、广西、福建、浙江等地均存在大米Cd超标现象，超标率为5%~15%。长期食用重金属超标的粮食，会给健康带来极大隐患，如长期食用Cd超标粮食，极易导致肾损伤、骨痛病等诸多病症；长期食用As超标粮食，可引起心脑血管病、皮肤癌等急慢性As中毒症。粮食遭受重金属污染严重威胁人民群众生命健康安全，亟须对受重金属污染的农田土壤进行修复和治理。因此，土壤重金属污染修复研究已成为当前国内外备受关注的科学焦点问题和前沿研究的热点领域。

1.2.2 污染特点

1.2.2.1 农田土壤重金属空间异质性强

我国幅员辽阔，不同区域土壤重金属背景值和累积量差异较大，需要大量物力和人力来查明我国土壤整体污染状况（Teng et al.，2014；Li et al.，2014）。以土壤Cd含量为例，各省份中贵州土壤Cd背景值最高（0.659mg/kg），约为内蒙古土壤Cd背景值（0.053mg/kg）的12.4倍。Liu等（2016）调查的我国22个水稻种植省份土壤Cd含量结果显示，全国水稻土Cd平均含量为0.45mg/kg，其中湖南水稻土Cd平均含量（1.12mg/kg）为河南水稻土Cd平均含量（0.06mg/kg）的18.7倍。

农田土壤重金属累积量还受到距工业区、矿区和城镇区的距离和不同种类农产品的投入及气候条件等多种因素影响，这进一步促进了农田土壤重金属累积的空间变异（曾希柏等，2013；Yang et al.，2016）。

1.2.2.2 不同农田土壤类型差异明显

我国农田土壤类型多样，由于土壤条件、气候条件和耕作管理水平的不同，不同类型土壤理化性质差异较大，这进一步加剧了农田土壤重金属污染的多样化格局（Li et al.，2014；Teng et al.，2014）。

王金贵（2012）对我国22种典型农田土壤Cd的吸附解吸特性进行了研究，结果显示不同温度下红壤、赤红壤和黄壤等酸性土壤类别Cd解析率均在15%以上，显著高于灰漠土和栗钙土等碱性土壤类别的Cd解析率（<10%）。同一土壤类别中重金属活性差异也较大。Rafiq等（2014）对我国7种典型农田土壤Cd活性进行研究，结果显示酸性土壤类别中，富铝土中交换态Cd含量为黄壤土中交换态Cd含量的近4倍。土壤类型对农作物重金属累积量影响也较大。Ding等（2013，2016）通过盆栽实验研究了同一农作物品种（胡萝卜）在我国21种典型农田土壤中的生长情况，发现不同土壤收获的胡萝卜对Cd和Pb的累积差异近180倍和360倍。Rafiq等（2014）指出我国7种典型水稻土收获的同品种稻米中，Cd含量差异达到125倍。

1.2.2.3 农作物品种间重金属累积差异明显

不同农作物对土壤重金属累积量差异较大（Ding et al.，2013；曾希柏等，2010）。

湖南省某地农田 Cd 含量的长期监测表明，水稻田 Cd 固液分配系数（平均值为 29.5L/kg）略低于菜田土壤（平均值为 38.4L/kg），然而稻米 Cd 富集系数（平均值为 1.52）却高出蔬菜（平均值为 0.15）近 10 倍（Yang et al.，2017）。同一农作物内不同品种对重金属富集能力差异也较大（Ding et al.，2013，2016）。Duan 等（2017）通过大田实验调查湖南省常见的 471 个水稻品种对 As 和 Cd 的累积差异，结果显示不同品种对 As 和 Cd 累积差异分别为 2.5~4 倍和 10~32 倍。该研究还指出有 8 个品种表现出明显的低 Cd 富集特性，有 6 个品种表现出明显的低 As 富集特性（Duan et al.，2017）。Liu 等（2015）研究了河北省常见的 30 个小麦品种对土壤 Cd 和 Pb 的累积差异，结果显示小麦中 Cd 和 Pb 的含量范围分别为 0.87~6.74mg/kg 和 18.3~94.0mg/kg，有 3 个品种表现出低 Cd 富集特性，4 个品种表现出低 Pb 富集特性。

1.3 污染成因

1.3.1 污染源的影响

我国土壤重金属污染是在工业化发展过程中长期累积形成的。工矿业、农业生产等人类活动和地质自然高背景值是造成土壤污染的主要原因，但不同地域土壤重金属污染特征存在较大差异。局域性土壤污染主要是由工矿企业排放的污染物造成，较大范围的耕地土壤污染则主要受农业生产活动的影响，一些区域性、流域性土壤重金属严重超标则是工矿活动与自然地质高背景叠加的结果（庄国泰，2015）。艾建超等（2014）应用美国环境保护署推荐的 UNMIX 模型解析出松花江上游夹皮沟地区土壤重金属的 4 个主要污染源，其中，污水灌溉和大气沉降是影响农田 Cd 积累的两个重要污染源。

引用污水灌溉农田在我国尤其是北方缺水地区曾经被广泛采用，工业及城市生活污水中 N 和 P 等营养物质含量较高，对农作物生长起到一定的促进作用（陈竹君 等，2001；刘丽 等，1999）。污灌缓解了农业生产用水资源不足，解决了城市污水排放问题，但同时也造成了土壤中 Cd 等重金属的积累，并影响作物品质和人体健康（解静芳 等，2010；王永强 等，2010）。Sun 等（2006）调研沈阳某持续近 30 年的污灌农田土壤 Cd 含量及分布特征表明，长期污灌导致表层土和底层土的 Cd 严重积累，表层土（0~20cm）和底层土（20~40cm）的平均 Cd 含量分别由 1990 年的 1.023mg/kg 和 0.331mg/kg 增加至 2004 年的 1.698mg/kg 和 0.741mg/kg，表层土 Cd 含量高于 1.500mg/kg 的污染面积也由 1990 年的 2701hm^2 增加到 2004 年的 7592hm^2。王芸等（2007）调研沈阳郊区某河沿岸部分乡镇的污灌农田土壤中 Cd 含量也超过当地背景值水平 8.39 倍，且沿岸土壤 Cd 含量沿该河渠从上游到下游呈降低趋势；横向分布上呈距离河渠越远土壤 Cd 含量越低的趋势；而垂向分布上则为表层土壤 Cd 含量高于底层土。

关于大气沉降对土壤 Cd 积累的影响也有大量学者做了调研，不同地点大气降尘中 Cd 含量差异巨大，太原盆地（赖木收 等，2008）、吉林省长春市（杨忠平 等，2009）、安徽省铜陵市（殷汉琴 等，2011）大气降尘中 Cd 含量分别为 1.73mg/kg、2.24mg/kg、16.44mg/kg；而估算降尘中 Cd 沉降通量，福建省泉州湾（吴辰熙 等，2006）、吉林省长春市（杨忠平 等，2009）、山西省太原市（张乃明，2001）、河南省焦作市（邹海明 等，

2006)、浙江省（黄春雷 等，2011）大气降尘中 Cd 的沉降通量分别为 0.8g/(hm²·a)、2.5g/(hm²·a)、6.34g/(hm²·a)、5.70g/(hm²·a) 和 7.47g/(hm²·a)。而污染区 Cd 的干湿沉降更高，浙东沿海某典型固废拆解区大气干湿沉降通量为 14.03g/(hm²·a)，并呈逐年增加趋势（黄春雷 等，2011）；欧阳晓光等（2012）以北京某垃圾处理中心烟气排放中的 Cd 为研究对象，采用 Aermod 软件的干沉降模式，计算 Cd 的沉降通量达 52.8g/(hm²·a)，每年可使耕层土壤（按表层土 2250000kg/hm² 计算）Cd 含量提高 0.02mg/kg。

因污水灌溉和大气沉降等导致土壤 Cd 含量的增加，也直接增加了农产品的 Cd 污染风险（蒋培 等，2009；王永强 等，2010）。姜国辉等（2012）通过桶栽土培试验研究表明，不同浓度的 Cd 溶液灌溉对水稻产量和品质无显著影响，但土壤 Cd 浓度和稻米 Cd 浓度皆随灌溉水 Cd 浓度的增加而增加，但灌溉水中的 Cd 仅有较少一部分进入到稻米中，稻米含 Cd 量仅占全生育期灌溉水 Cd 总量的 0.012%～0.067%。这表明污水灌溉肯定会增加水稻对 Cd 的吸收积累，但污水中的 Cd 更多地被土壤吸附，增加了后季作物的 Cd 污染风险。章明奎等（2010）通过土培和水培试验，研究铅锌矿区附近大气沉降对蔬菜中重金属积累的影响，结果表明土培试验中露天条件下生长的大白菜地上部分 Cd 含量比覆膜条件下高出 152.63%，水培试验中露天条件下生长的大白菜地上部分 Cd 含量比覆膜条件下高出 342.83%，表明大气沉降也是影响作物吸收积累 Cd 的重要因子。可见，大气沉降和污水灌溉既可以增加当季作物对 Cd 的吸收，也会提高土壤 Cd 的含量。

1.3.2　土壤酸化的影响

我国是世界上最大的水稻生产和消费国，水稻是我国第一大粮食作物，年种植面积约 2860 万 hm²，占全球水稻种植面积的 1/5；我国常年水稻产量约占粮食总产量的 40%，年产稻米 1.85 亿 t，占世界总产量的 1/3。因此，水稻生产在保障我国粮食安全中担当第一重任，对确保世界粮食安全也具有举足轻重的作用。然而，随着我国工业化进程的加速和社会经济的发展，化肥、农药和污泥的大量施用，工业废水的排放和重金属的大气沉降日益增加，农田重金属含量明显增加，水稻生产受 Cd 污染的影响也日益加剧，已严重威胁着国家粮食生产安全，严重威胁人体健康，并严重影响农业可持续发展。

土壤酸化本身就是一个自然过程，但其酸化速度在一般情况下是非常缓慢的，由于受人为因素的影响，土壤酸化速度大大加快。工业污染方面，在环保措施缺失情况下，工矿废物、企业污水等直接造成农业环境的污染，许多排放的污水酸度超标可直接导致农田灌溉用水酸化，尤其是酸沉降直接进入耕作土层，致使土壤酸化。肥料施用方面，大量施用化肥而有机肥料施用量减少，是加速土壤酸化的重要因素。土壤酸化还会加速盐基阳离子的淋失和土壤物理结构的破坏，促进 Fe、Al 等离子活化和 Cd 等重金属离子的释放，提高重金属的生物有效性，并使重金属向生物毒性较大的形态转化。因此，酸化土壤修复是此类土壤污染修复工作的基础。土壤酸化始于活性质子 H^+。土壤中 H^+ 的来源很多，如土壤中动植物呼吸作用形成的碳酸、水的解离、降雨中的碳酸和硝酸、酸雨中含有的大量硫酸、酸性肥料和含氮肥料的硝化等。H^+ 和土壤胶体上被吸附的盐基离子交换，H^+ 被土壤胶体吸附，土壤胶体上交换性 H^+ 不断增加，而盐基离子进入土壤溶液，随雨水流失，土壤盐基饱和度下降，氢饱和度增加，破坏土壤中原来的化学平衡（易杰祥 等，2006）。由于氢质黏土不稳定，当土壤有机矿质复合体或铝硅酸盐黏粒矿物表面吸附的氢离子达到一定限度后，这些粒子的晶格结构就会遭到破坏，铝氧八面体就会解体，铝离子脱离八面体晶格的束缚而转变成交换性铝离子。土壤交换性铝的水解使土壤表现出酸性特征。依据不同的水解程度，一个铝离子（Al^{3+}）水解可以产生 1～3 个 H^+（王宁 等，2007）。

土壤酸化的原因分为自然因素和人为因素。自然因素主要有：植物根系活动及土壤中有机质的分解产生的有机酸和大量的 CO_2、土壤黏粒矿物的晶格破坏后出现的活性铝水解释放出 H^+、胶体上吸附的 H^+ 和 Al^{3+} 被置换到溶液中而使土壤呈酸性。

人为因素主要有酸雨及生理酸性肥料的大量施用，如硫酸铵、氯化铵、硫酸钾、过磷酸钙、磷酸一铵、氯化钾等。此外，过量施用中性或碱性氮肥也会导致土壤酸化。如尿素是典型的中性氮肥，施入土壤后，呈分子态溶入土壤溶液中，而后在脲酶的作用下全部转化为碳酸铵，碳酸铵水解产生铵离子和碳酸根离子，前者可被吸收利用，也可能变成 NH_3 进一步挥发到大气中，但还可能在硝化细菌的作用下被转化成硝酸根遗留在土壤中，若大量施用，就会提高土壤的酸度。碳酸氢铵是典型的碱性氮肥，施入菜地后，在土壤水溶液中被分解为铵离子和碳酸氢根，前者可使蔬菜吸收利用，如果大量施用，也常因土壤通气条件好、碳源丰富、硝化作用，大部分被氧化成亚硝酸根或硝酸根离子遗留在土壤中，从而使土壤逐步酸化。土壤酸化直接影响土壤 Cd 形态的变化及其有效性。

土壤 pH 作为衡量土壤酸碱性的直观指标，其大小直接反映了土壤的酸碱程度。土壤 pH 为影响 Cd 吸附与解吸、控制其移动性和有效性的重要因子（刘昭兵 等，2010）。随 pH 的升高，土壤对 Cd 的吸附量和吸收能力急剧上升，最终发生沉淀。在酸性砂土中，pH 每增加 0.5 个单位 Cd 的吸附就增加一倍（廖敏 等，1999）。土壤 pH 还影响土壤溶液中重金属元素离子活度，pH 改变导致土壤中 Cd 的化学形态发生变化，在低 pH 时尤其明显，土壤 Cd 的有效性或植物对 Cd 的吸收与土壤 pH 成反比（ERIKSSON et al.，1989；HE et al.，1994）。土壤中 Cd 离子浓度随 pH 上升而下降，但 pH 过高又会溶解，离子浓度又会再升高（廖敏 等，1998）。pH 对重金属形态转化的影响机理与 Cd 的化学形态有关，化学形态不同机理也不相同（杜彩艳 等，2005）。交换态（包括水溶态）Cd 含量随着酸度变化的原因主要有：①体系 pH 的升高，土壤中的黏土矿物、水合氧化物和有机质表面的负电荷增加，对 Cd^{2+} 的吸附力加强，致使溶液中 Cd^{2+} 浓度降低；②土壤有机质-金属络合物的稳定性随 pH 的升高而增大，使溶液中 Cd^{2+} 浓度降低；③Cd^{2+} 在氧化物表面的专性吸附随 pH 的升高而增强，pH 上升使大部分被吸附的 Cd^{2+} 转变为专性吸附；④pH 的升高，土壤溶液中多价阳离子和氢氧根离子的离子积增大，因而生成 $Cd(OH)_2$ 沉淀的机会增大，这些沉淀增大了土壤对 Cd^{2+} 的吸附力，致使其在溶液中的浓度降低；⑤随着 pH 的升高，土壤溶液中铁、铝、镁离子浓度减小，使土壤有利于吸附 Cd^{2+}。低 pH 时有利于植物对 Cd 的吸收、富集；而高 pH 时重金属的移动性降低、生物有效性降低，可减少土壤中重金属向食物链转移（杜彩艳 等，2005）。因此，对重金属污染土壤进行治理时必须注意控制土壤 pH。

1.4 重金属污染耕地修复技术

我国人多耕地少，污染耕地修复治理是合理利用土地资源、解决农产品重金属污染的根本出路。同时，重金属污染耕地的修复始终是国际上的难点和热点课题。当前，重金属污染耕地修复治理的技术主要有以下类型：①以农艺调控为主的安全利用技术；②以作物种植结构调整的农田安全利用技术；③以生态淋洗、电磁吸附、客土、植物萃取等为主的重金属污染减量技术；④近年来新兴的生态水利修复技术。

1.4.1 农艺调控安全利用技术

以湖南的VIP+n技术最为典型，VIP是指以种植低吸收水稻品种（V）、淹水灌溉（I）、施用石灰调酸（P）为主体的重金属污染农田修复技术体系，也是目前Cd污染土壤最经济有效的应急性技术措施，在中轻度Cd污染土壤上的修复效果明显，也非常适合政府主导的由上而下的实施推进方式，该技术降Cd效果较好、成本较低、技术适应性较广、易复制。2014—2017年长株潭重金属污染耕地修复治理及种植结构调整试点监测结果表明，V、I、P、VIP的技术效果分别为26.5%～50.4%、42.8%～57.9%、32.3%～40.9%、64.5%～65.7%，但在实际推广示范过程中，V、I、P、VIP的实际示范技术效果分别15.9%～25.3%、20.6%～32.6%、29.0%～38.5%、54.6%～56.5%，技术的示范效果与小区实验效果皆有不同程度的缩减。其原因可能是各技术因品种特性、土壤特性、地形、小气候、水源及农民意愿等因素存在较大的地域差异。因此，该技术是经济有效的，但不是全能的，尤其是淹水管理存在实施周期长等操作缺陷，严重限制了该技术的推广。

1.4.2 土壤钝化技术

土壤Cd钝化产品主要是施用基于天然矿物、生物炭、碱性工业废弃物等资源化利用而研发的降低土壤Cd有效性的产品。由于国家无重金属钝化产品的登记标准，因此，市场上的重金属土壤调理剂专用产品十分缺乏，大多以企业的专利等形式存在，物化产品并不多。长株潭重金属污染耕地修复治理及种植结构调整试点实验示范表明，土壤调理剂产品的降Cd效果相对稳定，但优于石灰的产品并不多，且性价比一般都低于石灰。土壤调理剂的技术效果为35.1%～39.7%，个别产品的技术效果达到70%以上，推广示范中实际效果为30.3%～30.8%，效果缩减较小。由于土壤调理剂为一次性施用产品，操作相对简单，比较适合第三方修复治理。

1.4.3 叶面阻控技术

叶面阻控技术主要是施用含硅（Si）、硒（Se）、Zn、Fe、Mn、有机小分子等的叶面制剂。施用叶面阻控剂是企业、政府、农民最愿意接收、成本最低的技术，但由于其抑制水稻Cd吸收转运的机理尚不完全明确，实验效果的可重复性不高，因此，反而导致叶面阻控剂降Cd产品的接收度越来越低。

喷施叶面施硅是一种有效抑制水稻吸收重金属的方法。叶面施硅可以降低重金属复合污染条件下水稻籽实中重金属吸收系数和累积量，降低重金属向食物链的输出风险。许超等（2014）研究叶面喷施硫酸亚铁、柠檬酸铁和EDTA-二钠亚铁3种铁肥对芸薹属叶菜类蔬菜菜心Cd、Pb、Cu和Zn累积的影响，结果表明，与未喷施Fe肥的清水处理相比，喷施Fe肥使菜心Cd、Pb和Cu浓度分别降低4.30%～35.5%、6.17%～50.3%和8.34%～33.4%，Zn浓度变化为27.1%～19.6%，Fe浓度提高42.6%～90.2%。而腐殖酸肥、富 Se 肥、自配钛硒微肥对重金属均有较好的阻控作用，汤海涛等（2013）通过小区实验评价了喷施 3 种叶面肥对轻度重金属污染稻田中重金属累积和去向的调控效果，结果表明：喷施腐殖酸肥、富 Se 肥、自配钛硒微肥处理比清水对照处理稻谷中 Pb 含量分别降低 10.49%、16.05% 和 27.78%，平均降低 18.11%；稻谷中 Cd 含量分别降低 22.00%、34.00% 和 52.00%，平均降低 37.00%；稻谷中 Hg 含量分别降低 38.20%、47.19% 和 51.69%，平均降低 45.69%；稻谷中 Cr 含量分别降低 4.30%、20.92% 和 29.51%，平均降低 18.24%。喷施腐殖酸肥、富 Se 肥处理分别比清水对照处理稻谷中 As 含量降低 21.11% 和 12.22%；喷施 3 种叶面肥均能显降低稻谷重金属综合污染程度；喷施腐殖酸肥、富 Se 肥、自配钛硒微肥分别比喷清水对照增产稻谷 33.4kg/亩（1 亩≈667m^2）、43.2kg/亩和 49.8kg/亩，增幅分别为 7.82%、10.11% 和 11.66%，均达到差异显著水平。然而，由于制备工艺烦琐及使用成本过高，使这些产品多数还只是停留在实验阶段，能够真正应用到生产实际上的产品极少。因此，筛选和研发适合当地生产修复的叶面阻控剂势在必行。

1.4.4 种植结构调整

在国家农业产业布局规定内、满足农民意愿等情况下，根据地方经济特色和产业结构特点，对重金属污染土壤进行农作物改制，如水稻改种玉米、棉花、瓜果等 Cd 低吸收作物，实现农产品的安全生产，这也是实现农产品安全的最有效措施。但受上下游产业链发展、农民意愿等因素的影响，实行种植结构调整需要对其整个产业进行扶持，否则容易导致改种的农产品过剩，农民利益得不到有效保障。因此，从顶层设计出发，以特色产业分布为依托，有计划地实行种植产业结构调整，确保农民增收、社会增效。

1.4.5 富集植物修复技术

富集植物修复技术主要通过寻找或筛选理想的超富集植物或试图通过辅助措施提高现有超富集植物对重金属的提取率，通过种植超富集植物，利用其根系吸收实现土壤重金属的减量。国内外已发现巴西芥菜、龙葵、景天、圆叶决明、忍冬、商路、籽粒苋等 Cd 富集植物，Cd 超富集植物的筛选取得了较大进展。但植物修复技术易受土壤水分、盐度、酸碱度、有机质等环境因素的影响和限制，富集植物一般生物量小，且生长缓慢、植株矮小、修复效率低、修复周期长，仅适用于修复表层土壤，对中、重度污染的土壤不适用。我国耕地人均面积小，污染地域差异大，难以通过大面积休耕、长期运行的方式来进行植物修复，以至于影响富集植物修复技术的有效性和广泛应用。因此，选择高生物量、具有一定的重金属富集能力的植物，结合土壤重金属活性强化技术提高植物对土壤重金属的萃取能力，提升重金属污染土壤的植物修复效率，是当前植物修复技术的重点研究方向。

1.4.6 淋洗技术

淋洗技术主要是直接采用化学药剂活化土壤中的重金属，使其从土壤基质中溶解和分离后变成水溶态后再减排；或者选用与植物根部相关的细菌及真菌类群，通过生物吸附、胞外沉淀、生物转化、生物累积和外排作用影响 Cd 的环境行为，实现土壤 Cd 的活化或在微生物中富集，再通过溶液或微生物的排出实现土壤 Cd 的减量。该技术在工业厂矿的修复中应用广泛，但在农田中的应用尚处于小试阶段，技术也尚不成熟。虽然淋洗技术具有见效快、操作灵活、修复效果彻底、淋洗剂易获取等优点,但是它在地质黏重、渗透性比较差的土壤中淋洗效果差,而且部分化学淋洗还存在破坏土壤结构、土壤性质、微生物群落的现象,并存在土壤养分流失等风险,洗脱废液可能造成土壤和地下水的二次污染,对农田土壤环境构成威胁;而微生物淋洗则受土壤性质、温度、土壤微生物群落、土壤其他重金属或氰化物和农药残留等有毒物质的影响,技术效果存在较大的不稳定性,且该技术成本高,大面积的示范推广尚需时日。

1.4.7 农田生态水利修复技术

为进一步修复我国重金属污染农田土壤、保障农产品安全生产,需尽快打破重金属污染农田土壤修复技术的瓶颈。将土壤中的重金属转移至水体中彻底去除,是未来重金属污染和农田生态水利修复发展的新思路。营造湿地渠塘是农田生态水利修复的重要环节,主要思路是将进入生态渠塘的田间强排退水利用基质吸附、植物吸收和微生物同化作用来拦截和去除重金属,从而净化退水水质、减少重金属对农田土壤的污染。

1.4.7.1 农田水利排水措施

农田排水形成的退水再利用,是提高水资源利用率的重要途径,在国内外许多地区已有较广泛的应用实践(Letey et al., 2003; Willardson et al., 1997)。利用农田退水作为补充水资源,不仅提供给作物所需要的水分,同时还可以减少对水环境的影响。21世纪初,美国俄亥俄州立大学的研究人员开发出来的"湿地-水库-地下灌溉系统"(wetland reservoir sub-irrigation system,WRSIS)就是针对农业面源污染问题而采取的以水利技术为主的措施,该系统由田间沟、管收集农田排水和地表径流,并输送至湿地,然后利用湿地中的土壤吸附、植物吸收、生物降解等作用来降低农田排水中的氮磷化合物的含量,经过湿地净化后的水再输送到水塘存储,农田需要灌溉时再由灌溉设施供水到田间(郭鸿鹏等,2008)。Luceydoo等(2002)的实验结果表明,WRSIS系统能够改善农田退水水质和生态环境。有研究表明,日本的水稻种植区利用农田排水再灌溉不仅可以节水,还能够减少土壤的流失,提高排水中氮、磷等元素的高效再利用(Giveson et al., 1996)。在埃及,也有利用农田排水进行灌溉的措施,以种植水稻、小麦、甜菜等作物,实践表明,采取合理的土壤改良方法,利用农田排水再次灌溉不会对土壤形成危害(尹美娥,1992)。

我国农田排水的利用起步较晚,目前尚没有大规模的回收利用,仅在局部灌区有限利用,大部分农田排水未经处理直接排入天然河流。近年来,很多研究人员开展了生态渠塘对农田排水净化效果的研究。王岩等(2010)的研究结果表明,生态沟渠对农田排水中氮磷的拦截效果明显,这主要体现在沟渠植物的吸收吸附、过滤箱的基质吸附、底泥吸附,以及沟渠辅助物所产生的减缓流速和沉降泥沙等作用。彭世彰等(2009)对灌排调控的稻田排水中氮素浓度的变化规律进行了研究,结果发现控制灌溉、控制排水措施及沟塘湿地系统对农田排水中氮素的净化效率比较显著,这也说明了农田水利措施的应用,减少了农田排水中的氮素浓度。该课题组在灌区沟塘湿地对稻田排水中的氮磷的原位消减效果及机理研究中指出,茭草为更适于当地排水沟塘选用的湿地植物,对沟塘水质净化有着关键性的作用(彭世彰等,2010)。综述近年来国内对于农田排水生态渠塘的研究,多集中于对农田排水中氮素和磷素的去除效果的研究(曹向东等,2000;何军等,2011;彭世彰等,2009;张燕,2013;向长生等,2003;王岩等,2010)。然而,我国面临的土壤问题，最主要的是重金属污染问题。现代农业的发展，使农田土壤成为重金属污染的重灾区，能否利用农田水利措施，将农田排水中的重金属去除，有关这方面的研究还鲜有报道。

1.4.7.2 生态水利修复常用基质

硅藻土是由微生物和植物等硅藻的单细胞藻类积存在水域中死亡以后的硅酸盐遗骸所形成的。其化学成分主要以 SiO_2 为主，同时含有 Fe_2O_3、MgO、CaO、Al_2O_3 及有机杂质。可分为中心目类硅藻和羽纹目类硅藻，主要分布于中国、美国、法国、丹麦、俄罗斯、罗马尼亚等国。我国硅藻土储量为3.3亿t，主要分布于华东及东北地区。硅藻土的颜色一般呈现出白色或灰色。硅藻土具有多孔、质轻、相对密度小的特点。硅藻土耐酸性强，多孔，常被作为滤助剂。在国外，有150余种硅藻土助滤剂产品，达500余种以硅藻土为原料的产品（锁义 等，2001）。

硅藻土具有独特的微孔结构，表面富含硅羟基，并带有负电荷，可作为较好的吸附材料。我国具有较丰富的硅藻资源，很多工程应用的研究已经开展了有关硅藻土处理造纸废水（明景熙，1993）、印染废水（李兆龙，1993）、重金属废水（王泽民，2000）等的工作，并且具有较好的处理效果。张永熙等（1996）利用硅藻土和膨润土对废水中的 ^{89}Sr 进行吸附去除的研究，其结果表明，硅藻土、膨润土对废水中 ^{89}Sr 都具有较高的去除率，较短时间内去除率可达到50%以上。Ridha等（1998）也应用硅藻土对 Ag^+ 进行了吸附研究，结果表明硅藻土对水溶液中的 Ag^+ 具有非常好的去除效果，达到了完全去除的效果。因此可知，硅藻土作为一种矿物资源，能够作为吸附材料得到较好的应用。

活性炭是人们较为熟悉和常用的吸附材料之一，其孔隙度高，比表面积大（高达 $3000m^2/g$），表面化学性质多变，而且具有较强的表面活性（Dias et al.，2007）。活性炭是一种用碳质材料（各种果壳、重油、优质煤、木质材料等）经过特殊的活化过程而制得的具有丰富的孔隙构造、巨大的比表面积、优良的吸附性能的多孔吸附剂。活性炭按形状可分为颗粒活性炭、粉末活性炭及活性炭纤维；按材质可分为木质活性炭、生物质活性炭、矿物质活性炭、合成树脂活性炭、纤维活性炭等。活性炭具有独特的表面活性官能团、较高的机械强度、良好的热化学稳定性及可再生性，在环保、化工、冶金、医药等领域得到广泛应用（米铁 等，2013）。目前，活性炭已经被大量应用于实际的污水处理等工艺当中，通常作为一级处理材料，作为其他处理的预处理或是进一步的深度处理材料。然而，活性炭的制作成本相对较高，因此用活性炭作为吸附材料进行的处理往往处理费用较高（汤春芳，2015）。

国际生物炭联盟（International Biochar Initiative，IBI）对于生物炭给出了标准化的定义：生物质在缺氧环境下通过热化学转化而得到的一种固体材料。这些含碳量丰富的材料，在农业领域、气候变化及环境生态领域应用较为广泛。碳（20%～90%）、挥发性物质（0～40%）、矿物质（灰分：0.5%～65%）和水分（1%～15%）是生物炭的主要组分（Lehmann et al.，2009）。热解温度和生物质原材料是影响生物炭性质的两个主要因素（Ahmad et al.，2014）。由于制备生物炭的条件（热解温度和生物质材料）不同，生物炭的pH、比表面积、挥发性有机物、灰分含量等物理化学性质存在很大差异（Uchimiya et al.，2011b）。这些理化性质的差异影响了生物炭对污染物的固定效果（Cao et al.，2010；

Uchimiya et al., 2011b)。

通过前人对生物炭表征的研究，我们可知制备生物炭的原材料和热解温度影响着其比表面积、灰分含量、pH、极性、元素组成及表面官能团分布等物理化学特性（Keiluweit et al., 2010；Uchimiya et al., 2010a）。Keiluweit 等（2010）对不同热解温度的生物炭的分子结构进行了研究，并给出了被广泛接受的分子模型，他们指出这种生物炭的模型可能与生物质的细胞结构有关。Uchimiya 等（2010a）采用 ATR-FTIR，1H-NMR 及表面官能团滴定，对 300℃和 700℃畜禽粪便制得的生物炭进行了研究，他们指出高温使生物炭表面的脂肪碳、甲基碳以及 C-O 这些表面官能团消失或者部分消失。较高温度制得的生物炭（O/C 的比值较低）可以作为 π-供体，而较低温度制得的生物炭可以作为 π-受体（Keiluweit et al., 2009）。可见，热解温度在生物炭的碳化形成过程中，起到了相当关键的作用。对比前人对生物炭表征的结果，发现动物粪便类制得的生物炭除了含有大量的碳之外，还含有丰富的矿物元素（例如 Ca、Mg 和 P）以及较高的 pH，这些矿物元素随着热解温度的升高而升高（Cao et al., 2010；Cantrell et al., 2012）。由于热解温度的升高，生物质材料中的碱性盐类从有机的基质中分离出来，从而使热解产物（生物炭）的 pH 升高，当热解温度达到 600℃时，pH 就比较稳定的保持在 10 左右，这是因为有机的基质中的碱性盐类全部从基质中释放出来的原因（Shinogi et al., 2003）。综上可知，制备生物炭的原材料的差异，影响着生物炭的理化性质。常用的生物炭的原材料可归结为农业生产残留、林业木制品生产残留、城市绿化废弃物、畜禽粪便、污泥及其他有机质含量较高的生物质（Beesley et al., 2011；Chen et al., 2011；Duku et al., 2011；Hossain et al., 2011）。Sun 等（2012）利用草类和木质类为原材料，分别对低温和高温制得的生物炭进行了比较，结果表明，草类生物炭的极性大于木质类生物炭的极性，这归因于草类的灰分含量较多。徐东昱等（2014）对草类和木质类制得的生物炭进行了光谱学的研究，结果发现草类生物炭的灰分含量和表面极性比木质类生物炭高。然而，对于这些不同生物质来源制得的生物炭的归类对比的研究报道，还不是很全面。不同生物质来源制得的生物炭的区别尚未进行系统化的区分。因此，对不同生物质来源和热解温度制得的生物炭理化性质系统化的分析是未来生物炭深入性研究的基础。

生物炭因其特有的性质被广泛用于污染物的吸附研究中，利用 Web of Science 数据库检索 2011—2015 年关于生物炭对重金属方面的报道有 428 篇，其中有关重金属吸附的研究仅有 162 篇，从国际期刊论文发表情况表明，生物炭对重金属的吸附行为的研究仍然需要不断深入。随着对土壤和水体中重金属污染物的修复和治理研究的不断发展，生物炭作为新型吸附剂对污染物的吸附行为已经成为科研人员关注的热点问题（Beesley et al., 2011；Uchimiya et al., 2010a；Beesley et al., 2011；Tong et al., 2011；Xu et al., 2013）。

Chen 等（2011）利用硬木和棉花秸秆分别在 450℃和 600℃制得生物炭，研究了其对 Cu 和 Zn 的吸附行为，并指出 Langmiur 模型能够很好地描述吸附数据，同时发现硬木在热解温度为 600℃时制得的生物炭对 Cu 和 Zn 的最大吸附量均高于棉花秸秆在 450℃时制得的生物炭；Tong 等（2011）研究了 3 种不同农田废弃物花生秸秆、大豆秸秆和菜籽秸秆在 400℃制得的生物炭对 Cu 的吸附，3 种生物炭对 Cu 的吸附能力的排序为花生秸秆生物炭大于大豆秸秆生物炭大于菜籽秸秆生物炭，采用红外光谱分析可知，Cu 与生物炭表面的羧基和酚基官能团结合形成表面络合物。Langmiur 模型对吸附数据能够很好拟合，这说明表面单层吸附影响着生物炭的吸附行为。Uchimiya 等（2010a）发现不同原材料在不同热解温度下（200℃、350℃、500℃、650℃和 800℃）制得的生物炭的理化性质不同，影响了其对 Ni、Cu、Pb 和 Cd 在土壤中的固定效果；他们在后续的研究中指出土壤酸碱性质不同，其吸附机理不同，其中涉及 Cu 与生物炭表面官能团的络合和含碳官能团的 π 电子得失以及沉淀（Uchimiya et al.，2011a）。Beesley 等（2010；2011）分别于 2010 年和 2011 年用生物炭对受重金属污染的土壤进行修复实验，结果发现当加入生物炭到多种重金属污染土壤中后，土壤孔隙水中的 Cu 和 As 浓度上升了 30 倍，而 Cd 浓度降低了 10 倍（Beesley et al.，2010）；而 2011 年他们利用生物炭对 As、Cd 和 Zn 的固定研究表明，生物炭表面对于 Cd 和 Zn 的吸附是其渗滤液中两种离子的 300 倍和 45 倍（Beesley et al.，2011）。Inyang 等（2010）指出与乳制品废弃物制得的生物炭相比，甜菜制得的生物炭对水中 Ni 和 Cd 有较好的去除能力，而对于 Pb 的主要吸附机制是表面沉淀。Jiang 等（2012）的研究指出，加入由水稻秸秆制得的生物炭能够使土壤的电负性增强，同时通过在土壤表面的络合结构增强修复土壤对 Pb 离子的吸附能力。综上可知，不同热解温度的生物炭对重金属的吸附效果存在差异，前人的报道中对各种生物炭的特性与其对重金属吸附行为的关系方面的报道还很有限，对于某些重金属污染物（如 Cd）的吸附研究还不是很透彻。与此同时，Ahmad 等（2014）也指出，生物炭固定金属的解释存在矛盾，需要从金属键、迁移和金属释放等角度对金属在生物炭上的吸附行为做进一步的机理性的研究。生物炭作为环境友好的吸附剂，能够较好地应用于实际工程领域，此项应用研究工作仍然需要进一步开拓和实验，以期投入较少的花费得到较好的重金属去除效果。

1.4.8 小结

总之，国际上针对重金属污染稻田土壤的修复技术还不成熟。欧美普遍采用轮耕、休耕的土壤修复方案，在严重污染区种植重金属超富集植物，但对于严重污染区域，此方案需要 50～100 年才能有效修复，不可耕种时间较长。日本主要采用客土法处理，成本较高。国际上应对耕地污染的措施均以保障粮食安全为最终目标，实际措施以"换新"（客土法和翻耕法）为主，以"调控"（水分调节和调整种植结构）为辅，"修复"（植物修复和钝化法）则尚处于研究、实验或小规模应用中。在植物-微生物联合修复方面，多数还处于小试阶段，实际应用案例还很少，规模化应用尚需时日。相对而言，国外的耕地污染修复技术可借鉴之处并不多，我国在这方面总体处于世界领先水平。

第 2 章 水稻重金属累积特征及生态适应性

大量研究表明，采用优化水分管理（龙水波 等，2014）、施用石灰等碱性物质调理土壤酸性（颜惠君 等，2018）、施用土壤调理剂钝化土壤重金属活性（谢运河 等，2017）、喷施叶面阻控剂阻控植株中重金属的转运（沙乐乐，2015）、施用有机肥提升土壤环境容量（沈欣 等，2015），以及通过净化灌溉水、管控农业投入品的重金属含量，并协同稻草离田等技术措施（Dach et al.，2005），皆可显著降低稻米重金属的累积。明确水稻对重金属的吸收转运规律，是提升各修复技术效果的前提。水稻重金属吸收累积特征及亚细胞分布等已有大量研究（Cairney et al.，2002；陈宝玉 等，2010；关共凑 等，2006；刘昭兵 等，2011；林华 等，2014；史静 等，2007），但由于稻田土壤环境中 Cd、As 的化学行为与生物有效性的变化相反，其对修复技术的选择也存在极大差异甚至相反，加之水稻对 Cd、As 的吸收累积也存在较大差异（Arao et al.，2009），导致 Cd、As 复合污染土壤修复技术的选择更为困难。因此，明确水稻不同生育期对 Cd、As 吸收累积特征及转运规律，可在水稻吸收 Cd、As 的关键时期采取相应的修复措施，为减少水稻对 Cd、As 的吸收累积提供科学依据。本书利用 Cd、As 复合污染土壤，选择不同 Cd 累积特征的水稻品种，通过盆栽实验，探明水稻对 Cd、As 吸收累积特征及动态变化规律，阐明水稻吸收 Cd、As 的关键时期，并在水稻对 Cd、As 吸收转运动态规律的基础上，探明水稻吸收转运 Cd、As 时间上的差异及内在关联，为差异化选择修复治理技术、制定合理的施用方法，从而减少水稻对 Cd、As 的吸收累积，实现污染稻田的安全生产。

2.1 实验材料与方法

2.1.1 供试材料

供试土壤：采自湖南省浏阳市永和镇的镉砷复合污染稻田，土壤取回后去除石块、秸秆等杂质，自然风干后磨碎过 5mm 筛，混匀后保存备用。土壤基本理化性质：土壤 pH 为 6.73，土壤有机质含量为 30.0g/kg，总氮含量为 2.06g/kg，有效态磷含量为 3.55mg/kg，速效钾含量为 55.0mg/kg，碱解氮含量为 144.0mg/kg，土壤全 Cd、As 含量分别为 1.39mg/kg、61.5mg/kg，有效态 Cd、As 含量分别为 0.62mg/kg、0.33mg/kg。

供试水稻品种：结合前期工作基础，选择 Cd 累积能力较弱的湘晚籼 13 和深两优 5814、Cd 累积能力较强的玉珍香和威优 46、Cd 累积能力不明确的主栽水稻品种 Y 两优 1 号和泰优 390 等 6 个水稻品种。

2.1.2 实验方法

盆栽实验在湖南省农业科学院温室大棚进行。盆的长、宽、高分别为 120cm、60cm、

40cm，面积为0.72m²，每盆装土110kg。实验共采用6个水稻品种，每个品种种植6盆（3盆用于不同生育时期取样，3盆用于成熟期测产和取样），共计36盆。每盆基施复合肥（N∶P₂O₅∶K₂O=15∶15∶15）183g淹水静置2d后，挑选生长情况一致的水稻苗移栽到盆中，每盆30穴，每穴2株。移栽10d后追施一次尿素16.5g。水稻分蘖盛期晒田2次，每次4天，除晒田外，水稻全生育期采用自来水进行淹水灌溉，其他管理措施与田间一致。

2.1.3 样品采集与分析

水稻分蘖初期、分蘖盛期、孕穗期、齐穗期、乳熟期和黄熟期分别取样测定水稻干物质重量和Cd、As含量。每盆取3株植株样品，注意连根拔起，用自来水洗净泥土后用去离子水冲洗3遍，擦干水后置于烘箱中（105℃）下杀青30min，然后在65℃下烘干，将植株的根、茎、叶、籽粒分离，测定干物质重后分别磨碎后装入密封袋保存，用于测定Cd、As含量。成熟期时，将其中的18盆水稻全部收获后分别测定每盆产量（g/盆）。植株Cd、As含量采用HNO₃-H₂O₂法（中华人民共和国卫生部 等，2017）微波消解后用ICP-MS（美国，ThermoFisher X series 2）测定溶液中Cd、As含量。

2.1.4 数据处理

实验数据采用Excel 2007和SPSS 22.0软件进行数据处理和相关分析，采用LSD多重比较法（$p<0.05$）进行统计分析，运用Origin 8.5软件进行作图；所有数据以6个品种的平均值进行计算。

2.2 实验结果与讨论

2.2.1 水稻Cd、As累积特征

2.2.1.1 水稻干物质增长规律

通过测定水稻不同生育期内干物质量可以看出（图2.1），水稻干物质量整体呈先增后降趋势。分蘖初期到乳熟期，水稻总干物质量随水稻生长逐渐增加，在乳熟期达到最高值，黄熟期略有下降。分蘖初期到分蘖盛期为水稻干物质量增长最大的时期；齐穗期以后，水稻由营养生长转为生殖生长，根茎叶干物质重量皆逐渐下降，籽粒重量逐渐增加，黄熟期水稻总干物质量比乳熟期降低了3.59%，这可能是由于根系死亡和叶片衰老凋落所致。

水稻各器官（根、茎、叶）干物质量从分蘖初期到黄熟期均呈现先持续增长后缓慢下降的趋势。分蘖初期到齐穗期是水稻物质累积的过程，齐穗期水稻根、茎、叶干物质重量分别比分蘖初期

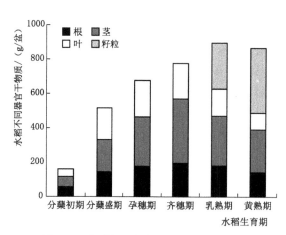

图2.1 水稻各生育期不同器官干物质量

增加3.54倍、6.18倍和4.72倍;齐穗期至成熟期则是水稻干物质累积与分配协同进行的过程,与齐穗期相比,乳熟期根、茎、叶干物质重量分别降低了7.72%、23.10%、22.31%,但乳熟期干物质总量比齐穗期增加了15.45%,表明齐穗期至乳熟期是水稻干物质累积和根茎叶干物质向籽粒中转运同步进行的时期。乳熟期至黄熟期则主要是水稻各器官间干物质转运再分配的过程,与乳熟期相比,黄熟期水稻干物质总量降低了3.59%,根、茎、叶干物质重量分别降低了21.24%、14.07%、39.36%,但籽粒干物质重量增加了40.90%。黄熟期干物质下降的原因可能是由于部分根系、下部叶的老化凋亡、无效分蘖的死亡,导致水稻根、茎、叶干重降低。

2.2.1.2 水稻Cd、As含量变化规律

测定水稻主要生育期Cd、As含量结果表明(图2.2),水稻根、茎、叶Cd含量皆随水稻的生长逐渐增加,分蘖初期至成熟期不同器官间Cd含量表现为根>茎>籽粒>叶(籽粒仅限乳熟期和黄熟期);水稻根、茎、叶As含量皆随水稻的生长而逐渐降低,分蘖初期至成熟期不同器官间As含量表现为:根>茎>叶>籽粒(籽粒仅限乳熟期和黄熟期)。

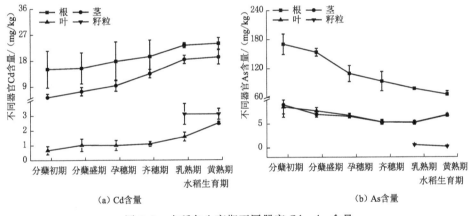

图2.2 水稻各生育期不同器官Cd、As含量

黄熟期的水稻根、茎、叶Cd含量分别比分蘖初期增加了58.37%、258.74%和272.08%;其中,孕穗期至乳熟期根、茎的Cd含量增加较为明显,分别增加30.69%和95.92%,分别占分蘖初期至黄熟期根、茎Cd含量增量的62.07%、65.04%;齐穗期至黄熟期叶Cd含量增加明显,增加127.37%。

水稻根As含量远高于茎、叶和籽粒;黄熟期水稻根As含量分别为茎、叶和籽粒的9.7倍、9.6倍和300倍。分蘖初期至黄熟期,水稻根系中As含量降低了104.73mg/kg;其中,分蘖初期至孕穗期,根As含量下降了61.17mg/kg,占分蘖初期至黄熟期下降量的58.41%。水稻茎、叶As含量随生育期的变化基本相似,分蘖初期水稻茎、叶As含量分别较黄熟期高33.01%、25.28%。而乳熟期籽粒As含量较黄熟期高0.33mg/kg,是黄熟期的2.5倍,其原因可能是随水稻逐渐成熟,水稻As由下部器官向上部器官的转运能力下降,As的转运量减少,而稻米干物质逐渐增加,稻米As含量反而呈降低趋势。

2.2.1.3 水稻 Cd、As 累积动态规律

水稻不同器官不同生育时期 Cd、As 累积量结果表明（图 2.3），水稻根、茎、叶中 Cd、As 累积量及累积总量均随生育期进程呈先升后降趋势。但 Cd、As 累积总量的最大累积峰值不同，Cd 在乳熟期，As 在分蘖盛期。乳熟期 Cd 的累积总量达到最大，较分蘖初期增长 794.83%；分蘖盛期 As 的累积总量达到最大，较分蘖初期增长 141.80%。水稻 Cd 累积总量主要在分蘖初期至乳熟期，As 累积总量主要是分蘖初期至分蘖盛期。水稻不同器官中，Cd 主要累积在根、茎中，Cd 累积总量最高的乳熟期，其根、茎 Cd 累积量分别占水稻 Cd 累积总量的 39.41%、50.34%；As 则主要富集在根中，As 累积总量最高的分蘖盛期，其根系 As 累积量占水稻 As 累积总量的 89.00%。水稻不同器官对 Cd、As 的累积分布也不同，茎、叶及籽粒对 Cd 的累积总量大于根部，而其对 As 的累积总量却远小于根部。

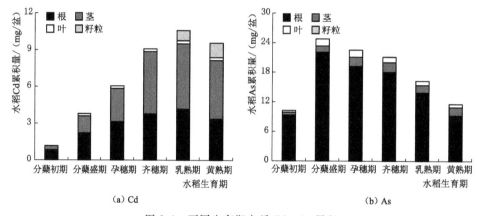

图 2.3 不同生育期水稻 Cd、As 累积

水稻根、茎、叶 Cd 最大累积量均在乳熟期，分别为 4.18mg/盆、5.34mg/盆、0.25mg/盆，分别为分蘖初期的 5.04 倍、16.34 倍和 8.66 倍；乳熟期后，随着茎叶营养物质的转移和根系的老化，Cd 累积量下降。水稻根 As 累积量最大出现在分蘖盛期，较分蘖初期增长了 136.43%；分蘖盛期后，根 As 累积量逐渐下降；茎、叶中 As 最大累积量分别出现在齐穗期和孕穗期，分别为 2.01mg/盆 和 1.44mg/盆；受干物质量累积和 As 含量变化的共同影响，水稻地上部 As 累积量呈现先增长后下降的规律，在孕穗期达到最大累积量 3.31mg/盆。黄熟期 Cd、As 在籽粒中累积量分别为 1.18mg/盆、0.08mg/盆，相比乳熟期，Cd 累积量增长了 41.20%，As 累积量则降低了 44.29%。

2.2.1.4 水稻对 Cd、As 的转运特征

籽粒对重金属的吸收富集，取决于根系从土壤吸收重金属并向茎叶最后到籽粒转运的难易程度。Cd、As 在水稻各部位之间的迁移情况用转运系数（TF）表示，即 $TF_{x/y} = C_y/C_x$，式中：$TF_{x/y}$ 代表 Cd 或 As 从 y 到 x 之间的转移系数；C_x、C_y 代表水稻各部位中 Cd 或 As 含量。不同生育期水稻各器官对 Cd、As 的转运系数表明（表 2.1），水稻对 Cd 的转运系数 $TF_{茎/根}$ 最大，As 则是 $TF_{叶/茎} > TF_{茎/根} > TF_{籽粒/茎}$（籽粒仅限乳熟期和黄

熟期）。Cd、As 从水稻根到茎的转运系数 $TF_{茎/根}$ 从分蘖初期到黄熟期呈上升趋势；从茎部到叶的转运系数 $TF_{叶/茎}$ 则表现为苗期逐渐升高，孕穗期开始降低，在黄熟期又有所升高的趋势。在整个生育期，从根到茎 Cd 的转运系数为 0.39~0.83，远高于 As 的 0.05~0.11；而从水稻茎到叶 As 的转运系数为 1.00~1.04，Cd 仅为 0.08~0.14；乳熟期到黄熟期水稻茎到籽粒 Cd 的转运系数略高于 As。可见，根系向茎转运 Cd 的能力高于 As，而茎向叶转运 Cd 的能力则小于 As，控制根系 Cd 及茎 As 向上位器官的转运是阻止水稻籽粒累积 Cd、As 的关键。

表 2.1　　　　　　　　　　不同生育期水稻对 Cd、As 的转运系数

生育时期	Cd			As		
	$TF_{茎/根}$	$TF_{叶/茎}$	$TF_{籽粒/茎}$	$TF_{茎/根}$	$TF_{叶/茎}$	$TF_{籽粒/茎}$
分蘖初期	0.39±0.15c	0.12±0.03ab		0.05±0.02b	1.00±0.32a	
分蘖盛期	0.50±0.11bc	0.13±0.04a		0.05±0.01b	1.11±0.19a	
孕穗期	0.57±0.16bc	0.10±0.01ab		0.06±0.01b	1.03±0.09a	
齐穗期	0.72±0.14ab	0.08±0.01b		0.06±0.01b	1.01±0.13a	
乳熟期	0.80±0.06a	0.09±0.02b	0.17±0.05a	0.07±0.01b	1.01±0.04a	0.11±0.01a
黄熟期	0.83±0.09a	0.14±0.02a	0.18±0.04a	0.11±0.02a	1.04±0.05a	0.03±0.02b

注　不同字母表示同一部位、不同时期间存在显著性差异（$p<0.05$）。

2.2.1.5　水稻 Cd、As 累积量与 Cd、As 含量变化的相关分析

对水稻全生育期 Cd、As 含量变化动态与累积动态进行相关分析（由于籽粒仅有乳熟期和黄熟期两个时期，不做全生育期 Cd、As 含量变化动态与累积动态的相关分析）。结果表明（表 2.2），水稻 Cd 累积总量与根 Cd 含量、茎 Cd 含量，以及干物质总量皆呈极显著正相关，但与叶 Cd 含量相关不明显，表明水稻全生育期 Cd 的累积动态主要与根、茎 Cd 含量相关，这可能是受根和茎中 Cd 含量较高且生物量较大两个方面的共同影响；水稻 Cd 累积总量与根 As 含量、茎 As 含量、叶 As 含量皆呈显著或极显著负相关，表明水稻 Cd 累积总量的动态变化与水稻各器官 As 含量的动态变化趋势相反，但水稻 Cd 累积总量与 As 累积总量相关不明显，这可能是受水稻 Cd 累积动态与干物质总量变化动态呈极显著正相关，而与水稻根、茎、叶 As 含量则呈显著负相关，两者协同作用下，导致水稻 Cd 累积总量动态变化与 As 累积总量动态变化相关不明显。水稻 As 累积总量与水稻根、茎、叶的 Cd 和 As 含量及干物质总量、As 的累积总量皆相关不明显，这主要是受干物质累积量呈前升后降趋势，而 Cd 含量逐渐增加、As 含量则逐渐下降等因素的共同影响所致。可见，从水稻整个生育期来看，水稻对 Cd 的吸收累积与其干物质累积和各器官 Cd 含量的变化呈显著正相关，而与水稻根茎叶 As 含量的变化呈显著负相关；但整个生育期中受水稻各器官 As 含量及干物质变化动态相反的影响，其正负效应相互抵消，水稻 As 累积过程在全生育期上表现出与干物质及水稻 Cd、As 含量皆表现为不相关特征，表明控制水稻 As 累积需要结合水稻干物质的累积趋势，各器官干物质分布及 Cd、As 含量等多个因素综合考虑。

表 2.2　　水稻 Cd、As 含量与累积的相关性

项目	根 Cd 含量	根 As 含量	茎 Cd 含量	茎 As 含量	叶 Cd 含量	叶 As 含量	干物质总量	As 累积总量
Cd 累积总量	0.921**	−0.969**	0.944**	−0.876*	0.709	−0.906*	0.970**	0.028
As 累积总量	−0.314	0.084	−0.247	−0.462	−0.361	−0.259	0.199	1

注　**表示在 0.01 水平（双侧）上显著相关，*表示在 0.05 水平（双侧）上显著相关。

2.2.1.6　讨论

Cd、As 在水稻各部位（根、茎、叶、籽粒）中的含量和累积量具有组织特异性，且随水稻生长阶段而变化，水稻吸收重金属的器官主要是根（Qian et al., 1999）。Cd 在水稻不同器官中的含量分布规律为：根＞茎＞籽粒＞叶；As 的分布规律为：根＞茎＞叶＞籽粒。进入根部的重金属首先与蛋白质、多糖类和核酸等物质结合，然后向植株地上部分转移，重金属通过木质部导管、韧皮部运输进入籽粒的过程需要消耗能量，而籽粒距离较远（距离越远越难以运输），这是造成籽粒累积量低于根系的原因之一（Kobayashi et al., 2013），也有研究结果表明重金属在水稻植株的分布规律是在新陈代谢旺盛的器官累积量较大，而在营养储存器官如果实、茎叶、籽粒中累积量较少（陈宝玉 等，2010；关共凑 等，2006；Cairney et al., 2002）。但水稻对 Cd、As 的吸收累积是一个动态变化的过程，不同生育期的 Cd、As 吸收累积规律存在明显差异，前人研究结果也不尽相同。重金属在水稻植株中的分布随生育期的动态变化及迁移是一个复杂的过程，不同生育期水稻对重金属的吸收累积受到如水稻品种、土壤性质和实验方法等多种内外因子的影响，会导致实验结果的差异。如刘昭兵等（2011）研究发现水稻各器官中 Cd 含量在分蘖期最高，表现为分蘖期＞成熟期＞抽穗期，分蘖期和成熟期为水稻吸收累积 Cd 的两个关键时期；林华等（2014）研究表明 Cd 在水稻植株不同部位的质量分数随生育期的变化表现为从分蘖末期至灌浆中期呈上升趋势，灌浆中期达到最大，而到成熟期时又明显降低；史静等（2007）研究表明，分蘖期和成熟期是 Cd 吸收的主要时期；薛培英等（2010）研究表明，在生育初期水稻根系中的 As 浓度显著高于其他生长期。

本书结果表明，水稻根、茎、叶 Cd 浓度随水稻生长阶段的变化规律表现为从分蘖初期至黄熟期呈上升趋势，在分蘖初期含量最低，黄熟期达到最大；Cd 在水稻植株中的累积量随水稻生长而不断增加，根、茎、叶的 Cd 累积量在乳熟期达到最大。分蘖初期到乳熟期水稻生长代谢旺盛，干物质量不断增加，对营养元素的需求量大，通过主动和被动吸收累积了大量 Cd，导致 Cd 含量不断增加，随着根部化学性状的变化及原生质溢泌和茎部代谢机制减弱，在乳熟期后根、茎、叶对 Cd 的吸收有所减弱（戴树桂，2001）。齐穗期至乳熟期是水稻干物质累积和根、茎、叶干物质向籽粒中转运同步进行的时期，齐穗期以后水稻由营养生长转为生殖生长，茎叶中的光合作用产物开始向籽粒中转移，与光合作用产物一样，Cd 也通过韧皮部转运到籽粒中，黄熟期时籽粒 Cd 累积量最大。有研究表明（Zhou et al., 2018），成熟期为籽粒 Cd 累积的关键时期，在此阶段籽粒 Cd 累积量达到最大。水稻植株各部位对 As 的吸收累积特征与 Cd 差异明显，规律表现为从分蘖初期至黄熟期呈下降趋势，在分蘖初期含量最高，黄熟期含量最低；分蘖盛期相对分蘖初期水稻干物质量快速增长，受水稻各器官 As 含量及干物质变化动态相反的影响，水稻对 As 的累

积总量在分蘖盛期达到最大。薛培英等（2010）和 Liu 等（2004）研究结果表明，由于在分蘖初期水稻根系形成的根表铁膜较为新鲜且富 As 能力强，土壤中的 As 向根系表面大量迁移，导致进入根系的 As 增多，所以分蘖初期根系 As 含量偏高，随着铁膜的不断老化，对 As 的富集能力减弱，此时铁膜也会阻碍根系表面的 As 向根系内部迁移，从而导致进入水稻根系的 As 不断降低；也有研究表明，由于根蛋白巯基可与 As 结合将其沉淀于根中，从而阻碍其向地上部转移（Cui et al.，1995），尽管根对 As 的吸收富集能力较强，但是只有少部分转运到地上部，所以茎、叶和籽粒中 As 含量较低。分蘖期是水稻根系吸收累积 As 的关键期，期间采取有效措施控制土壤中 As 活性对于降低水稻对 As 的吸收累积具有重要意义。由于乳熟期到黄熟期，稻米干物质量增加，籽粒更加饱满，在黄熟期籽粒中 Cd、As 含量有所降低，而对 Cd、As 的累积量增加。

转运系数（TF）用于评估植物各部位之间对于重金属的转运能力，转运系数越大，说明该部位对重金属的转运能力越强（Liu et al.，2013）。分蘖初期到黄熟期，水稻对 Cd 的转运系数从大到小依次均为 $TF_{根/茎}$＞$TF_{茎/籽粒}$＞$TF_{茎/叶}$，对 As 则是 $TF_{茎/叶}$＞$TF_{根/茎}$＞$TF_{茎/籽粒}$（籽粒仅限乳熟期和黄熟期），由根系到茎 Cd 转运系数为 As 转运系数的 7.5 倍，而茎到叶 As 转运系数为 Cd 转运系数的 7.4～12.5 倍。有研究表明（Uraguchi et al.，2009），重金属在水稻根系向茎中的转运是通过茎中木质部进行的。水稻吸收的 As 大部分储存在根系中（Liu et al.，2008），小部分可随着原生质的流动运移到邻近的细胞，并通过细胞间的运输，横穿过根的中柱鞘输送到导管中，随作物的蒸腾作用向地上部分转移，从而累积在作物的茎叶和籽粒之中（王玲梅 等，2010）。水稻根系对 Cd 的转运能力较 As 强，且茎到籽粒 Cd 转运系数 $TF_{茎/籽粒}$＞$TF_{茎/叶}$；由根系转运到地上部的少部分 As 大部分累积在茎叶中，少量向籽粒迁移；水稻籽粒对 Cd 的吸收富集能力大于 As。Zhou 等（2018）研究表明，叶片中 Cd 的转运和再循环对籽粒中 Cd 的累积也有重要作用，从而导致籽粒中 Cd 含量远高于 As 含量。

2.2.2 低累积水稻品种的生态适应性差异

由于水稻品种对重金属的吸收累积既与水稻品种本身有关，也受气候环境及土壤性质的影响。结合湖南省推荐应急性 Cd 低累积水稻品种清单，选择 9 个水稻品种进行不同生态区域土壤污染特征的 Cd、As 降低效果的生态适应性验证。9 个水稻品种（P1～P9）名称如下：隆两优华占、晶两优 1212、深两优 5814、隆两优 1988、和两优 1 号、C 两优 386、C 两优 87、深优 9595、Y 两优 9918。实验点基本情况见表 2.3。

表 2.3 实验点基本情况表

实验点		pH	Cd 含量/(mg/kg)	As 含量/(mg/kg)
湘西南	祁阳	5.33	0.62	28.20
	临武武水	5.30	0.83	22.95
	临武南强	7.47	0.54	27.50
湘西北	永定	7.30	0.95	18.57
	花垣	7.37	3.02	26.25
	永顺	5.60	2.30	27.62

2.2.2.1 不同气候区及不同土壤条件对水稻产量的影响

测定产量结果表明，不同水稻品种在湘西北和湘西南的变化趋势基本一致。总体上，深优 9595 产量较低，其他品种在不同气候区（湘西南、湘西北）、不同土壤条件（碱性、酸性）下的产量变化差异不大（图 2.4）。

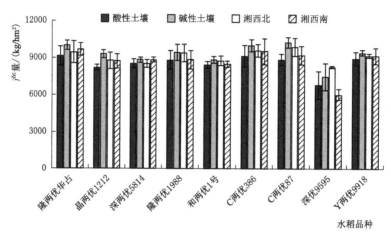

图 2.4 不同生态区和土壤环境下的水稻产量

2.2.2.2 不同气候区及不同土壤条件对水稻 Cd、As 吸收累积的影响

总体分析不同水稻品种在不同气候区（湘西南、湘西北）、不同土壤条件（碱性、酸性）稻米 Cd、As 含量结果表明，不同水稻品种对 Cd、As 的吸收能力差异趋势基本一致，主要受土壤本底及环境条件的调控（图 2.5）。

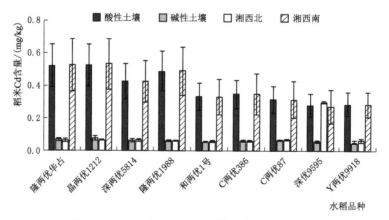

图 2.5 不同生态区和土壤环境下的稻米 Cd 含量

2.2.2.3 镉砷同步低积累水稻品种筛选

以 6 地不同品种的稻米 Cd、As 平均含量计算，综合产量和稻米 Cd、As 降低效果，结果表明，和两优 1 号、C 两优 386、C 两优 87、Y 两优 9918 属于 Cd、As 同步低吸收品种；而隆两优华占、晶两优1212、深两优5814、隆两优1988属于As低累积品种（图2.6）。

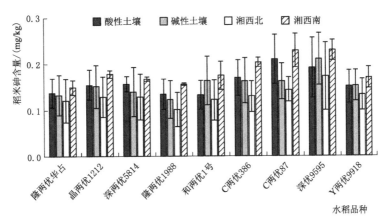

图2.6 不同生态区和土壤环境下的稻米As含量

2.3 本章小结

2.3.1 水稻镉砷累积特征

Cd在水稻植株不同部位中的含量分布情况为：根＞茎＞籽粒＞叶；As含量的分布规律为：根＞茎＞叶＞籽粒。从全生育期看，水稻各器官Cd含量动态变化规律与As相反，水稻各部位Cd含量随水稻的生长不断增加，在黄熟期达到最大值；水稻各部位As含量在分蘖初期最高，随水稻生育期后移呈下降趋势。

水稻各部位对Cd、As的累积量及累积总量皆随生育期的后移呈先增后降趋势，而水稻对Cd的累积总量在生育后期（乳熟期）达到最大，As在生育前期（分蘖盛期）达到最大。水稻对Cd的累积总量与其干物质累积和各器官Cd含量的变化呈显著正相关，与水稻根茎叶As含量的变化呈显著负相关；水稻As累积过程在全生育期上表现出与干物质及水稻Cd、As含量皆不相关特征，控制水稻As累积需要结合水稻干物质的累积趋势、各器官干物质分布及Cd、As含量等多个因素综合考虑。

水稻不同部位对Cd、As的转运能力存在差异，水稻根系向茎转运Cd的能力高于As，而茎向叶转运Cd的能力小于As，籽粒对Cd的吸收富集能力大于As。

采取有效措施控制分蘖盛期之前水稻根系对As的吸收、孕穗期至成熟期水稻根系对Cd的吸收及分蘖盛期至成熟期水稻各器官间Cd、As的转运分配可同步实现水稻Cd、As含量的有效控制。

2.3.2 低累积水稻品种的生态适应性

水稻对重金属的吸收累积与水稻品种和土壤性质密切相关。除了深优9595产量较低，其他水稻品种在湘西北和湘西南的产量变化趋势基本一致。不同水稻品种对Cd、As的吸收能力差异趋势也基本一致。从综合产量和稻米Cd、As降低效果来看，和两优1号、C两优386、C两优87、Y两优9918属于Cd、As同步低吸收品种。

第3章 稻田灌溉水重金属污染特征及风险

3.1 稻田灌溉水重金属污染特征

随着工农业的发展，大量污染物（包括重金属）排入江、河、湖、海，使水体和底泥受到污染，并通过农、牧、渔等多种途径进入人类的食物链，进而威胁人体健康。由于重金属不易溶解，进入水体中的重金属绝大多数均迅速由水相转为固相，最终进入底泥中，底泥重金属污染问题已日渐成为危害大、影响深、治理难度大的突出环境问题。

Cd 是河道底泥最主要的重金属污染物之一（刘永兵 等，2013；梅明 等，2014），且主要以活性较高的碳酸盐结合态、无定形铁锰氧化物结合态、有机质-硫化物结合态等存在（刘俊 等，2011；黄钟霆 等，2009）。如湘江霞湾港段底泥含 Cd 量最高达 359.8mg/kg，其中有机质-硫化物结合态占总量的 73.3%（黄钟霆 等，2009）；珠江广州段鸦岗断面及广州段长洲断面 Cd 含量分别为广东省土壤背景值的 57.25 倍和 49.50 倍，其可交换态 Cd 含量也分别占到总量的 55.02% 和 47.47%（吕文英 等，2009）。底泥中的 Cd 易随环境条件的改变而重新释放至水体中造成二次污染，还可以泥沙颗粒形式随水流向下游移动，是引起下游 Cd 污染的重要因素。刘鑫垚等（2014）调研广西龙江河底泥 Cd 污染风险表明，随底泥向下游迁移，底泥 Cd 浓度增加，距离污染源 14km 处的拉浪水电站底泥 Cd 浓度升高了 55%。但由于不同来源底泥、不同环境条件下底泥对 Cd 的吸附和解析特征不同（雷蕾 等，2012），对下游的污染风险也不一致。目前，国内外学者针对湖泊、河流底泥的 Cd 含量、形态、生态风险或环境风险等做了大量研究，但对底泥 Cd 随水流的迁移及其对灌区稻田土壤 Cd 含量的影响研究较少。因此，研究沟渠底泥 Cd 的迁移特征及其与灌区农田土壤 Cd 含量的关联，为探明灌区农田土壤 Cd 污染来源及其治理提供依据，对实现灌溉水和农田土壤的安全利用，保障土壤环境质量和人类健康均具有重要意义。

3.1.1 实验方案

3.1.1.1 实验地点

选择湖南典型镉污染稻区长沙县北山镇和清洁稻区长沙县金井镇的典型稻区小流域，调查分析沟渠内水、底泥及周边农田镉含量。小流域处于两山之间，山上为树林，中间为农田，农田与树林间的长条地带零星分布着居民房屋或菜园旱土等（北山点居民分布较分散，金井点居民主要分布在 4~7 号取样点，距离取样起点 2~3km 处），中间农田地势相对平坦，主要是花岗岩发育的麻沙泥稻田（其中北山点土壤风化更完全，有机质含量更高，土层更厚，土壤沙粒含量较低），其水源主要来自降雨或山中井水，中途皆有居民生活用水排放。

长沙县北山镇小流域（以下简称"北山流域"）：调查流域长度约 10km，流域农田面积约 30km²，受 20 世纪 60—80 年代流域起点处化工厂排污影响（化工厂于 20 世纪 80 年代关闭），导致下游大量农田土壤 Cd 超标。

长沙县金井镇小流域（以下简称"金井流域"）：调查流域长度约 10km，流域农田面积约 20km²，流域农田土壤无重金属 Cd 污染。

3.1.1.2 实验方法

分别于 2014 年早稻耕田期、早稻分蘖盛期、晚稻插秧期、晚稻分蘖盛期双季稻 4 个最大需水时期（取样时间分别为 4 月 6 日、5 月 10 日、7 月 5 日、8 月 14 日）对两个小流域定点位置沟渠底泥、稻田土壤取样，并测定底泥、稻田土壤有效态 Cd 及总 Cd 含量。取样起点（1 号）皆为离沟渠源头（山林与稻田交界处）往下 500m 处，之后往下游顺延取样点（2～10 号），取样间隔距离约 1km。由下游向上游逆水流方向取样，底泥在每取样点及其前后各 5m 处取样混合，取样深度 30cm；稻田土壤在取样点旁边具有代表性的规则田块采用多点取样方法进行取样，取样深度 15cm。除北山 9 号取样点为抽水灌溉外，其余稻田皆为直接引水灌溉。

3.1.1.3 检测分析方法

土壤有效态 Cd 含量：称 10.00g 过 20 目筛土样，加入 DTPA（二乙三胺五醋酸）浸提液（土：水＝1：5）50mL，振荡 2h 后过滤，稀释 20～100 倍后用 ICP-MS 测定溶液 Cd 浓度。

土壤总 Cd 含量：称过 100 目筛土样 0.3g 于消煮管中，采用 $HNO_3-H_2O_2-HF$ 微波消煮，定容后过滤，稀释 20～100 倍后用 ICP-MS 测定溶液 Cd 浓度。

灌溉水 Cd 含量：采用硝酸浸泡、超纯水冲洗的 500mL 塑料瓶取样，采样后加 1mL 优级纯硝酸进行酸化，过滤后 ICP-MS 测定溶液 Cd 浓度。

ICP-MS 检测采用铑（Rh）做内标，回收率 90%～105%。

数据处理：采用 SPSS 17.0 及 Microsoft Excel 2003 进行数据的统计分析。

3.1.2 结果与分析

3.1.2.1 不同小流域沟渠底泥 Cd 含量的分布特征

沟渠底泥 Cd 含量测定结果表明（图 3.1），北山流域受工业污染的影响，沟渠底泥总 Cd 和有效态 Cd 含量皆显著高于金井流域。北山流域沟渠底泥总 Cd 及有效态 Cd 含量皆是由上游向下游呈快速下降趋势，在源头离化工厂较近 1 号和 2 号点沟渠底泥总 Cd 及有效态 Cd 含量最高，之后迅速下降，离污染源 5km（6 号点）后下降趋势变缓，6 号点底泥总 Cd 及有效态 Cd 含量分别为 5.57mg/kg、2.18mg/kg，比 1 号点分别下降 89.84%（$p<0.05$）和 85.33%（$p<0.05$）。10 号点的底泥总 Cd 及有效态 Cd 含量分别为 2.24mg/kg、1.16mg/kg，比 1 号点分别下降 95.91%（$p<0.05$）和 92.21%（$p<0.05$），比 6 号点分别下降 59.79%（$p<0.05$）和 46.90%（$p<0.05$）。

金井流域是无污染区，其底泥 Cd 含量较北山流域低。源头底泥总 Cd 含量仅为 0.3mg/kg，有效态 Cd 含量仅 0.05mg/kg，越往下游，底泥总 Cd 及有效态 Cd 含量逐渐增加，经过流域中间 3km 处居民区（5～7 号点）后迅速增加，5 号点的底泥总 Cd 及有效态 Cd 含量分别为 0.79mg/kg、0.20mg/kg，比 1 号点分别增加了 163.3%（$p<0.05$）和 300.0%（$p<0.05$）；经过居民区后的 8 号点，其底泥总 Cd 及有效态 Cd 含量分别为

1.85mg/kg、0.38mg/kg，比 1 号点分别增加 516.7%（$p<0.05$）和 660.0%（$p<0.05$），比 5 号点也分别增加了 134.1%（$p<0.05$）和 90.0%（$p<0.05$）；之后底泥总 Cd 及有效态 Cd 含量增加趋于平稳，10 号点的底泥总 Cd 及有效态 Cd 含量分别为 2.13mg/kg、0.44mg/kg，与 9 号点相当，比 8 号点也仅分别高 15.58%（$p<0.05$）和 15.79%（$p<0.05$）。

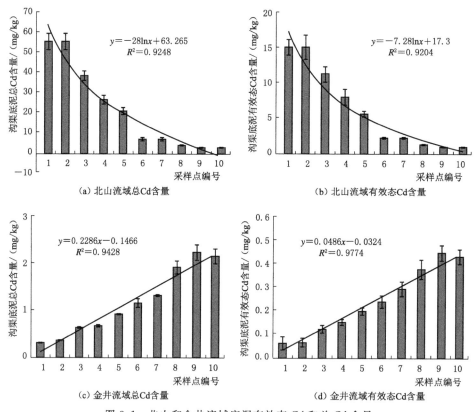

图 3.1 北山和金井流域底泥有效态 Cd 和总 Cd 含量

金井流域是无污染区，其底泥 Cd 含量较北山低。源头底泥总 Cd 含量仅为 0.27mg/kg，有效态 Cd 含量仅为 0.08mg/kg，越往下游，底泥总 Cd 含量及有效态 Cd 含量逐渐增加，经过流域中间 3km 处居民区（5~7 号点）后迅速增加，之后底泥总 Cd 含量稳定在 2.0mg/kg 左右，有效态 Cd 含量稳定在 0.40mg/kg 左右，并皆呈上升趋势。计算底泥有效态 Cd 含量占总 Cd 含量的比例表明，除源头 Cd 有效性较高外，其 Cd 有效性为 30.75%，而之后底泥 Cd 有效性为 18.31%~21.91%，不同位点间 Cd 的有效性无明显变化。

3.1.2.2 不同小流域稻田 Cd 含量的分布特征

测定取样点周边典型稻田土壤 Cd 含量结果表明（图 3.2），北山流域土壤总 Cd 和有效态 Cd 含量皆显著高于金井流域。北山流域稻田土壤总 Cd 和有效态 Cd 含量也皆是由上游向下游呈下降趋势，在源头离化工厂最近的稻田土壤 Cd 含量最高，其总 Cd 含量为 6.23mg/kg，有效态 Cd 含量为 1.72mg/kg，越往下游，稻田土壤 Cd 含量逐渐下降，但 9

号点稻田长期采用抽水机抽水灌溉，稻田土壤 Cd 含量高于其上游 8 号和下游 10 号点，表明抽水灌溉导致灌溉水中泥沙含量及其带入农田土壤的 Cd 更多，土壤 Cd 含量更高。计算土壤有效态 Cd 占土壤总 Cd 含量的比例表明，上游 1～2 号点土壤 Cd 有效性为 26.86%～27.30%，之后逐渐上升，由 3 号点的 32.81% 上升至 10 号点的 52.93%。

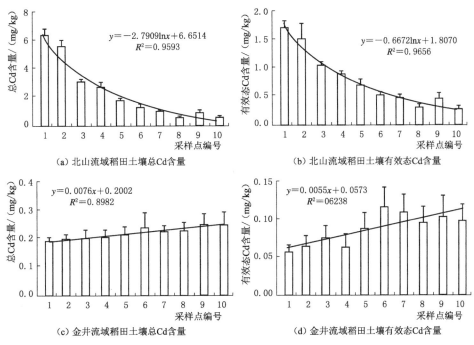

图 3.2 北山和金井流域稻田土壤有效态 Cd 和总 Cd 含量

金井流域稻田土壤总 Cd 含量从上游往下游呈线性增加趋势，但增加幅度相对较小，从 1 号点的 0.17mg/kg 至 10 号点的 0.27mg/kg，增加了 64.71%。稻田土壤有效态 Cd 含量也呈增加趋势，但不同取样点土壤有效态 Cd 含量变化差异较大，10 个点中土壤有效态 Cd 含量最高的为 6 号点，土壤有效态 Cd 含量为 0.12mg/kg，最低的为 1 号和 4 号点，皆为 0.06mg/kg，与 6 号点相差 1 倍。土壤 Cd 有效性也略呈线性增加趋势，但不同取样点土壤 Cd 有效性变化差异也较大，其中土壤 Cd 有效性较高的为 6 号和 7 号点，其土壤 Cd 有效性分别为 45.99% 和 45.68%，这可能是由于不同田块在长期不同耕作和施肥方式下造成了不同田块间土壤有效态 Cd 含量及 Cd 有效性的差异。

3.1.2.3 不同流域沟渠及稻田土壤 Cd 含量、Cd 有效性的相关分析

分析北山和金井两流域沟渠底泥和稻田土壤总 Cd 含量、有效态 Cd 含量及 Cd 有效性之间的相关性表明（表 3.1），两流域沟渠底泥或稻田土壤有效态 Cd 含量皆与其总 Cd 含量呈极显著正相关，表明土壤或底泥总 Cd 含量越高，其有效态 Cd 含量也相应增加；稻田土壤总 Cd 含量及有效态 Cd 含量与沟渠底泥总 Cd 含量和有效态 Cd 含量皆呈显著正相关，表明沟渠底泥含 Cd 直接或间接影响其周边灌区农田土壤的 Cd 含量，较高含 Cd 的沟渠底泥增加了其周边农田土壤 Cd 污染的风险。

表 3.1　北山和金井流域沟渠底泥及稻田土壤 Cd 含量及有效性的相关系数

	项目	底泥有效态 Cd 含量	底泥 Cd 有效性	稻田总 Cd 含量	稻田有效态 Cd 含量	稻田 Cd 有效性
北山	底泥总 Cd 含量	0.997**	−0.808**	0.978**	0.979**	−0.916**
	底泥有效态 Cd 含量		−0.778**	0.983**	0.981**	−0.910**
	底泥 Cd 有效性			−0.754*	−0.786*	0.901**
	稻田总 Cd 含量				0.996**	−0.908**
	稻田有效态 Cd 含量					−0.926**
金井	底泥总 Cd 含量	0.996**	−0.367	0.917**	0.673*	0.504
	底泥有效态 Cd 含量		−0.298	0.918**	0.691*	0.520
	底泥 Cd 有效性			−0.406	−0.346	−0.318
	稻田总 Cd 含量				0.810**	0.669*
	稻田有效态 Cd 含量					0.964**

注　** 表示在 0.01 水平（双侧）上显著相关，* 表示在 0.05 水平（双侧）上显著相关。

北山流域沟渠底泥或稻田土壤 Cd 有效性皆与其总 Cd 含量、有效态 Cd 含量呈极显著负相关，可能是由于泥沙沉淀和底泥吸附作用，随水流从上游带向下游的总 Cd 和有效态 Cd 逐渐减少，但水体中有效态 Cd 的降幅小于总 Cd 的降幅，带入下游的有效态 Cd 占总 Cd 的比例增加，下游沟渠底泥和稻田土壤中 Cd 的有效性提高；也可能是上游沟渠底泥和稻田土壤总 Cd 含量高，易溶态 Cd 向难溶态转化，导致沟渠底泥和稻田土壤中有效态 Cd 占总 Cd 的比例降低，而下游沟渠底泥和稻田土壤总 Cd 含量降低，受土壤容量等因素的影响，难溶态 Cd 又向易溶态转化，土壤 Cd 有效性增加。金井流域沟渠底泥 Cd 有效性与沟渠底泥总 Cd 含量及有效态 Cd 含量皆呈不显著负相关，而稻田土壤 Cd 有效性与稻田土壤总 Cd 含量及有效态 Cd 含量则呈显著或极显著正相关，表明在无污染的金井流域，其沟渠底泥及稻田土壤 Cd 含量不高的情况下，沟渠底泥 Cd 有效性略有下降，而稻田土壤 Cd 有效性则长期受不同施肥方式、耕作措施等其他外源因素的影响，Cd 含量高的土壤，有效态 Cd 含量及 Cd 的有效性也较高。

3.1.3　讨论

地表径流往往附带着重金属迁移，并通过灌溉引起重金属向农田扩散，引起农田土壤重金属污染。土壤重金属随径流迁移主要表现出以下 3 种形式（蔡彦明 等，2009）：①土壤液相中的可溶性污染物在径流中溶解；②土壤颗粒吸附的污染物质在径流中解析；③土壤颗粒中的污染物被径流夹带冲刷而被水体夹带。

重金属的点源与面源污染及不同污染程度流域中的径流中重金属迁移形式不同。北山流域为化工点源污染，离污染源距离越近，沟渠底泥及稻田土壤 Cd 含量越高，且随距离的增加，沟渠底泥及稻田土壤 Cd 含量迅速下降，最后沟渠底泥的总 Cd 含量和有效态含量分别稳定在 2.0mg/kg 和 1.0mg/kg 左右；而稻田土壤 Cd 含量则随距离的增加呈下降趋势，但下游沟渠底泥及稻田土壤 Cd 有效性皆明显增加。这可能是北山流域沟渠中有机质含量丰富，水流平缓，降低了水流夹带的土壤颗粒，并加强了底泥对水流中 Cd 的吸附，降低了 Cd 向下游的迁移。而水溶性 Cd 的迁移受沟渠底泥特性及水流流速的影响较小，随水流向下游迁移的距离要长，随水溶性 Cd 在下游的吸附沉淀，增加了沟渠底泥有效态 Cd 含量的同时增加了有效态 Cd 的比例，也极大增加了下游的 Cd 污染风险。

金井流域为清洁区，沟渠底泥及稻田土壤 Cd 含量远低于北山点，但其迁移曲线表明，越往下游，沟渠底泥及稻田土壤 Cd 含量增加，尤其是经过居民区时，其 Cd 含量迅速增加，表明居民生活污水是清洁区沟渠底泥 Cd 的重要来源，越往下游，沟渠底泥的 Cd 含量越高，10 号点沟渠底泥总 Cd 含量达 2.06mg/kg，且有上升趋势，沟渠底泥土壤有效态 Cd 也逐渐增加，这可能是由以下两方面的原因：①其上游径流 Cd 在下游被吸附和沉淀；②其周边居民生活污水排放导致。由于金井流域土壤沙粒含量高，土壤黏粒及有机质含量较低，土壤 Cd 有效性也较低，其沟渠底泥 Cd 有效性皆为 20% 左右，远低于北山流域沟渠底泥的 Cd 有效率。下游稻田土壤总 Cd 含量及有效态 Cd 含量略高于上游，但在 6 号、7 号点处稻田土壤 Cd 有效性较高，这可能主要受居民生活污水影响更强。

可见，化工点源污染的北山流域，流域稻田土壤 Cd 含量及有效性主要受污染源距离及沟渠底泥 Cd 含量的影响，居民生活排污及农田耕作施肥对其 Cd 含量的影响较小；而无污染的金井流域，因沟渠底泥 Cd 含量较低，稻田土壤 Cd 含量及有效性受径流迁移的 Cd 影响变小，受居民生活污水排放及耕作施肥措施等人为因素的影响增大，因此也导致其稻田土壤污染风险具有更大的不确定性。在农田土壤修复治理过程中，首先应严格控制点源污染工厂排污，同时对点源污染下游灌溉沟渠底泥集中移除处理，清除其对下游沟渠及农田土壤的长期隐患。而对清洁区沟渠的预防也不容忽视，采取适当的钝化措施抑制沟渠底泥 Cd 的有效性，减少 Cd 向径流水中溶解，同时降低径流土壤颗粒含量，降低径流水中有效态 Cd 含量和总 Cd 含量，减少 Cd 向下游移动。同时，对人们生活污水排放及农药化肥进行监控，减少 Cd 由此进入稻田而引起 Cd 的面源污染。虽然面源污染危害程度较工业点源污染轻，但其污染面积更大，污染形式更多，具有更多的不可确定因素，其农田土壤一旦污染，治理难度和污染风险更大。

3.1.4 小结

（1）化工点源污染流域沟渠底泥及稻田土壤总 Cd 含量及有效态 Cd 含量随径流方向皆呈对数曲线下降，且下游土壤 Cd 有效性高于上游土壤。

（2）无化工点源污染区的沟渠底泥总 Cd 含量及有效态 Cd 含量呈直线增加趋势，但稻田土壤总 Cd 含量及有效态 Cd 含量也是下游高于上游，其污染主要受上游径流夹带的 Cd 在下游沉淀和被吸附及居民生活排污及耕作施肥等人为措施的影响，其污染程度较小，但危害更加隐蔽、污染面积更大，污染形式更多，治理难度和污染风险更大。

3.2 稻田灌溉水重金属污染健康风险评价

湖南是全球极具盛名的"有色金属之乡"，采矿、选矿、冶炼皆十分发达，但因技术或管理方面的问题，湖南有色金属的开采回收率、伴生矿综合回收利用率非常低，大量低品位矿石及伴生矿石的任意堆放，使得采矿、选矿、冶炼的工业"三废"大量排放至周边生态环境，造成了严重污染（雷丹，2012）。工业行业的粗放发展、化工企业"三废"的排放、农业投入品中重金属含量超标等均导致湖南耕地的重金属污染日渐严重，已引发出一系列的环境问题，对人类产生了极大的负面影响。Cr 在体内过量累积会损伤人体的肾脏和肝脏，Cd 则具有较强的致癌性，As 则主要影响神经系统和毛细血管通透性并可因休克导致患者昏迷甚至死亡，而 Hg 的长期累积将引起神经系统的损伤及运动失调，体内 Pb 蓄积则可造成多个系统及器官损伤并且无法完全修复（于晓莉 等，2011）。长沙、株洲、湘潭地区（简称"长株潭地区"）作为湖南的政治、经济、文化中心，地处湘江下游，受工矿企业排污及湘江污水灌溉等因素的影响，长株潭地区耕地重金属污染范围广、超标重，引起了国家的高度重视。2014 年起，农业部和财政部联合发文，在长株潭的 19 个县级行政区开展了重金属污染耕地修复治理和种植结构调整试点。

水是重金属在土壤与生物之间转移的媒介，对重金属污染区的水环境进行健康风险评价，了解重金属污染区水环境污染状况，探明污染物迁移转化规律和对人体健康的危害，对提高区域用水安全具有极其重要的现实意义。健康风险评价（Health Risk Assessment，HRA）兴起于 20 世纪 80 年代，以风险度作为评价指标，把环境污染与人体健康联系起来，定量描述污染对人体产生健康危害的风险（US Environmental Protection Agency，1986）。20 世纪 90 年代初，健康风险评价开始应用于我国的核工业等领域，但随着水环境污染问题的日益严重，水环境的健康风险评价逐渐被人们所重视。水体污染物危害鉴定、污染物暴露评价及污染物与人体的剂量—反应关系分析等被用来定量评估水体污染物对人体健康危害的潜在风险（李祥平 等，2011；孙树青 等，2006；邹滨 等，2009）。目前，国内学者主要从健康风险评价模型的优化（陈耀宁 等，2016；袁希慧 等，2011；郑德凤 等，2014；祝慧娜 等，2010）及河流（梁丽华 等，2014；刘丽 等，2011；李永丽 等，2009；鲁滔 等，2014；秦普丰 等，2008；苏伟 等，2007；王辉 等，2015；）、库塘（魏岚 等，2015）、湖泊（倪彬 等，2010；王丽娜 等，2015；张光贵，2013）和地表水等不同水源地（刘军 等，2016；宋焱 等，2013；王鹤扬 等，2013；张晓惠 等，2015）的水环境健康风险评价等方面开展了相关研究，但评价主要以点源水环境监测数据为主，大流域大面积的水环境健康风险评价鲜见报道。因此，笔者以长株潭地区水环境为研究对象，以县级行政区为基本单元，监测其主要库塘及河流等饮用水源的重金属含量，采用美国环境保护署推荐的水环境健康风险评价模型，对整个长株潭地区的水环境进行健康风险评价，以期为长株潭地区水环境风险管理提供科学依据。

3.2.1 材料与方法

3.2.1.1 实验地点及内容

长株潭地区是以长沙、株洲、湘潭为中心的湖南东中部地区，三市沿湘江呈"品"字形分布，是湖南省经济发展的核心增长极。研究选择长株潭地区的主要河流、库塘等重要水源地进行取样，长沙取样范围涉及长沙市辖区、长沙县、望城区、浏阳市、宁乡市等 5 个县级行政区；株洲取样范围涉及株洲市辖区、株洲县、茶陵县、醴陵市、炎陵县、攸县等 6 个县级行政区；湘潭取样范围为湘潭市辖区、湘潭县、湘乡市等 3 个县级行政区。2016 年 5—9 月对每个县级行政区的主要水源地（库塘、河流等）进行取样，共取样 1575 个，测定水体 Cd、Pb、As、Hg、Cr^{6+} 含量。

3.2.1.2　水环境健康风险评价模型

水环境健康风险评价主要是针对水环境中对人体有害的物质，主要包括基因毒物质和躯体毒物质，前者包括放射性污染物和化学致癌物，后者则指非致癌物（王丽萍 等，2008）。因水体中放射性物质微乎其微，一般检测不出来，故该研究仅对化学致癌物进行风险评价。根据世界卫生组织和国际癌症研究机构编制的权衡化学物质致癌性可靠程度的体系，属于 1 组和 2A 组化学物质归纳为化学致癌物，主要有 Cd、As 和 Cr^{6+}，非致癌物质主要为 Pb、Hg。按照美国环保局的健康风险评价模型，化学致癌物的健康风险评价模式为

$$R^c = \sum_{i=1}^{k} R_i^c \tag{3.1}$$

$$R_i^c = \frac{1-\exp(-D_i q_i)}{70} \tag{3.2}$$

$$D_i = \frac{2.2 C_i}{70} \tag{3.3}$$

式（3.1）～式（3.3）中：R^c 为所有致癌性重金属所致健康危害的年风险，a^{-1}；R_i^c 为致癌性重金属 i 经食入途径的个人平均致癌年风险，a^{-1}；q_i 为致癌性重金属 i 经食入途径的致癌强度系数，$(kg \cdot d)/mg$，Cd、As 和 Cr^{6+} 的致癌强度系数分别为 $6.1(kg \cdot d)/mg$、$15(kg \cdot d)/mg$ 和 $41(kg \cdot d)/mg$（US Environmental Protection Agency，1986）；D_i 为致癌性重金属 i 经食入途径的单位体重日均暴露剂量，$mg/(kg \cdot d)$；C_i 为化学致癌物 i 的浓度，mg/L；式（3.2）中 70 为人类平均寿命；式（3.3）中 2.2 为成人每日平均饮水量，L；式（3.3）中 70 为成人平均体重，kg。

非致癌污染物健康风险评价模式为

$$R^n = \sum_{i=1}^{l} R_{ip}^c \tag{3.4}$$

$$R_{ip}^c = \frac{D_{ip} \times 10^{-6}}{70 RfD_{ip}} \tag{3.5}$$

式（3.4）和式（3.5）中：R^n 为所有非致癌物性重金属所致健康危害的年风险，a^{-1}；R_{ip}^c 为非致癌性重金属 i 经食入途径（p）所致健康危害的个人平均年风险，a^{-1}；D_{ip} 为非致癌性重金属经食入途径的单位体重日均暴露剂量，$mg/(kg \cdot d)$；RfD_{ip} 为非致癌性重金属 i 经食入途径的参考剂量，$mg/(kg \cdot d)$，Pb 和 Hg 的参考剂量分别为 $1.4 \times 10^{-3} mg/(kg \cdot d)$ 和 $3 \times 10^{-4} mg/(kg \cdot d)$（US Environmental Protection Agency，1986）；70 为人类的平均寿命。

假设各有毒物质对人体健康危害的毒性作用呈相加关系，而不是协同或拮抗关系，则水环境总的健康危害风险 R_T 为

$$R_T = R^c + R^n \tag{3.6}$$

式（3.6）即为水环境重金属的健康风险评价模型。

3.2.1.3　健康风险评价标准

水环境风险评价通过建立人体健康与环境污染的关系，定量描述各种环境污染物对人

体健康造成的危害及其发生概率。健康可接受风险度指为社会公认、为公众可接受的不良健康效应的风险概率,其结果与国际推荐的风险水平进行对比,使风险管理国际化。美国环境保护署对致癌物质可接受的风险水平数量级为 $1\times10^{-6}\sim1\times10^{-4}\mathrm{a}^{-1}$,小于 10^{-6} 表示风险不明显,$10^{-6}\sim10^{-4}$ 表示有风险,大于 10^{-4} 表示有较显著的风险。国际辐射防护委员会(ICRP)推荐的最大可接受风险水平为 $5.0\times10^{-5}\mathrm{a}^{-1}$(即每年每千万人口中因饮用水中各类污染物而受到健康危害或死亡的人数不能超过 500 人);瑞典环境保护局、荷兰建设和环境部推荐的最大可接受水平为 $1.0\times10^{-6}\mathrm{a}^{-1}$,而我国目前还没有这方面的规定。据此,研究将水环境健康风险划分为无风险、较低风险、中等风险和较高风险 4 个等级,各等级的风险水平分别为小于 1×10^{-6}、$1\times10^{-6}\sim5\times10^{-5}$、$5\times10^{-5}\sim1\times10^{-4}$ 和大于 1×10^{-4}。

3.2.2 结果与分析

3.2.2.1 长株潭地区水环境重金属含量分析

河流、库塘既是农田灌溉水的最主要源头,也是区域内人们生活用水的源头,与人们的生活息息相关。根据《生活饮用水卫生标准》(GB 5749—2006),Cd、As、Cr^{6+}、Pb 和 Hg 等重金属的限量标准分别为 $5\times10^{-3}\mathrm{mg/L}$、$10\times10^{-3}\mathrm{mg/L}$、$50\times10^{-3}\mathrm{mg/L}$、$10\times10^{-3}\mathrm{mg/L}$ 和 $1\times10^{-3}\mathrm{mg/L}$。由表 3.2 可知,长株潭地区水环境中 As 和 Pb 含量较接近其限量标准;其中,醴陵市和炎陵县水环境中 As 含量已超过了饮用水限量标准,而其余县级行政区水环境中 Cd、Pb、As、Cr^{6+}、Hg 皆在限量标准范围内。从表 3.2 中还可以看出,长株潭地区水环境重金属含量由高到低排列依次为 As>Pb>Cr^{6+}>Cd>Hg;长沙、株洲、湘潭地区间水环境重金属含量以长沙地区最低,Pb、Cd 含量表现为湘潭>株洲>长沙,As、Cr^{6+}、Hg 则表现为株洲>湘潭>长沙;Cd 含量最高的是湘潭市辖区,其次是株洲的茶陵县和长沙的浏阳市;As 含量较高的是株洲的醴陵市、炎陵县和茶陵县;Pb 含量最高的是株洲的炎陵县,其次是株洲的茶陵县和湘潭的湘乡市;Cr^{6+} 和 Hg 含量在长株潭各县级行政区间的分布相对均衡。整体来看,长株潭地区水环境中 As 和 Pb 含量较接近饮用水限量标准,是饮用水前处理中应重点考虑的对象。

表 3.2　　　　　长株潭地区水环境中各重金属的含量　　　　　单位:$\times10^{-3}\mathrm{mg/L}$

	地　区	Cd	As	Cr^{6+}	Pb	Hg
长沙	长沙市辖区($n=54$)	0.11	2.18	0.52	1.44	0.02
	长沙县($n=93$)	0.12	2.27	0.64	1.82	0.02
	望城区($n=87$)	0.14	2.25	0.49	2.25	0.02
	浏阳市($n=201$)	0.57	3.81	0.52	2.25	0.02
	宁乡市($n=147$)	0.11	3.00	0.52	1.70	0.05
	平均($n=582$)	0.21	2.70	0.54	1.89	0.02
株洲	株洲市辖区($n=63$)	0.19	1.72	0.58	2.17	0.02
	株洲县($n=114$)	0.36	1.89	0.52	3.11	0.02
	茶陵县($n=108$)	0.81	8.24	0.72	4.18	0.06
	醴陵市($n=165$)	0.27	11.48	0.57	2.61	0.03

3.2 稻田灌溉水重金属污染健康风险评价

续表

地 区		Cd	As	Cr^{6+}	Pb	Hg
株洲	炎陵县（$n=129$）	0.39	10.99	0.63	9.37	0.07
	攸县（$n=117$）	0.45	1.71	0.62	1.99	0.02
	平均（$n=696$）	0.41	6.00	0.61	3.91	0.04
湘潭	湘潭市辖区（$n=45$）	1.43	2.95	0.46	1.81	0.03
	湘潭县（$n=108$）	0.36	2.86	0.53	2.75	0.03
	湘乡市（$n=144$）	0.39	3.27	0.59	4.05	0.04
	平均（$n=297$）	0.73	3.03	0.52	2.87	0.03
总平均（$n=1575$）		0.41	4.19	0.56	2.96	0.03

3.2.2.2 长株潭地区水环境重金属的健康风险评价

根据式（3.1）～式（3.3）计算出长株潭地区各县级行政区通过饮用途径由化学致癌物造成的平均个人年风险值，由式（3.4）、式（3.5）和式（3.6）计算出长株潭地区各县级行政区通过饮用途径由非致癌污染物造成的平均个人年风险值，并由式（3.6）计算出长株潭地区各县级行政区通过饮用途径的重金属总平均个人年风险值，结果见表 3.3。

表 3.3   长株潭地区水环境中重金属的健康风险评价   单位：a^{-1}

地 区		Cd($\times 10^{-5}$)	As($\times 10^{-5}$)	Cr^{6+}($\times 10^{-5}$)	Pb($\times 10^{-9}$)	Hg($\times 10^{-9}$)	合计($\times 10^{-5}$)
长沙	长沙市辖区（$n=54$）	0.03	1.47	0.96	0.46	0.03	2.46
	长沙县（$n=93$）	0.03	1.53	1.17	0.58	0.03	2.73
	望城区（$n=87$）	0.04	1.51	0.90	0.72	0.02	2.46
	浏阳市（$n=201$）	0.16	2.57	0.95	0.72	0.02	3.67
	宁乡市（$n=147$）	0.03	2.02	0.95	0.54	0.07	3.00
	平均（$n=582$）	0.06	1.82	0.99	0.61	0.03	2.86
株洲	株洲市辖区（$n=63$）	0.05	1.16	1.07	0.70	0.04	2.28
	株洲县（$n=114$）	0.10	1.27	0.97	1.00	0.02	2.34
	茶陵县（$n=108$）	0.22	5.54	1.32	1.34	0.09	7.08
	醴陵市（$n=165$）	0.07	7.71	1.05	0.84	0.05	8.84
	炎陵县（$n=129$）	0.11	7.38	1.17	3.01	0.10	8.66
	攸县（$n=117$）	0.12	1.15	1.14	0.64	0.02	2.42
	平均（$n=696$）	0.11	4.04	1.12	1.25	0.05	5.27
湘潭	湘潭市辖区（$n=45$）	0.39	1.99	0.84	0.58	0.05	3.22
	湘潭县（$n=108$）	0.10	1.92	0.97	0.88	0.04	3.00
	湘乡市（$n=144$）	0.11	2.20	1.08	1.30	0.07	3.39
	平均（$n=297$）	0.20	2.04	0.96	0.92	0.05	3.20
总平均（$n=1575$）		0.11	2.82	1.04	0.95	0.05	3.97

注　水环境健康风险划分为无风险、较低风险、中等风险和较高风险 4 个等级，各等级的风险水平分别为小于 1×10^{-6}、$1\times 10^{-6}\sim 5\times 10^{-5}$、$5\times 10^{-5}\sim 1\times 10^{-4}$ 和大于 1×10^{-4}。

从表 3.3 中可以看出,长株潭地区水环境中重金属由饮用途径所致健康危害的个人年总风险为 $2.28\times10^{-5}\sim8.84\times10^{-5}a^{-1}$。与非致癌物相比,化学致癌物由饮用途径所致健康危害的个人年风险远高于非致癌物。化学致癌物由饮用途径所致健康危害的个人年风险最大的皆是 As,其风险为 $1.15\times10^{-5}\sim7.71\times10^{-5}a^{-1}$;其次为 Cr^{6+},其风险为 $0.84\times10^{-5}\sim1.32\times10^{-5}a^{-1}$;然后是 Cd,其风险为 $0.03\times10^{-5}\sim0.39\times10^{-5}a^{-1}$。长株潭地区水环境中 As 的平均个人年风险为 Cr^{6+} 的 2.71 倍,Cd 的 25.64 倍。地区间水环境中重金属 As 和 Cr^{6+} 的健康风险从高到低排列为株洲＞湘潭＞长沙;Cd 则为湘潭＞株洲＞长沙。其中,长沙市水环境中 As 的平均个人年风险为 Cr^{6+} 的 1.84 倍、Cd 的 30.33 倍;株洲市水环境中 As 的平均个人年风险为 Cr^{6+} 的 3.61 倍、Cd 的 36.73 倍;湘潭市水环境中 As 的平均个人年风险为 Cr^{6+} 的 2.13 倍、Cd 的 10.20 倍。其中,长沙地区水环境 Cd 健康风险最高的是浏阳市,As 健康风险较高的是浏阳市和宁乡市,Cr^{6+} 健康风险在长沙市各县级行政区中相对均衡;株洲市水环境中 Cd 健康风险最高的是茶陵县,As 健康风险较高的是醴陵市和炎陵县,其次是茶陵县,Cr^{6+} 健康风险在株洲市各县级行政区中也相对均衡;湘潭水环境中 Cd 健康风险最高的是湘潭市辖区,As 和 Cr^{6+} 健康风险在湘潭各县级行政区中皆相对均衡。

长株潭地区非致癌物重金属由饮用途径所致健康危害的个人年风险元素间表现为 Pb 高于 Hg,而 Pb 和 Hg 地区间皆表现为株洲＞湘潭＞长沙。长株潭各县级行政区水环境中 Pb 健康风险最高的是炎陵县,其次为茶陵县、湘乡市和株洲县等,而 Hg 的健康风险在各县级行政区中相对均衡。

由表 3.3 可知,长株潭所有县级行政区水环境的重金属 Cd、As、Cr^{6+}、Pb、Hg 的总健康风险皆达到较低风险等级以上,其中株洲的水环境中重金属的总健康风险为中等风险等级。

从各县级行政区水环境单项重金属元素的健康风险来看(表 3.3),长株潭地区所有县级行政区的 5 项重金属总健康风险处于有风险状态。其中,长株潭各县级行政区水环境中 Pb 和 Hg 的健康风险皆为无风险等级。而长沙各县级行政区水环境中 Cd 的健康风险仅浏阳市处于较低风险等级,其余县级行政区皆为无风险等级;As 和 Cr^{6+} 则皆为较低风险等级。株洲各县级行政区水环境中 Cd 的健康风险除株洲市辖区和醴陵市为无风险等级外,其余县级行政区皆为较低风险等级;所有县级行政区水环境中 As 的健康风险皆达到较低风险等级以上,其中茶陵县、醴陵市和炎陵县水环境中 As 的健康风险甚至达到中等风险等级;而水环境中 Cr^{6+} 的健康风险皆为较低风险等级。湘潭各县级行政区水环境中 Cd、As、Cr^{6+} 的健康风险皆为较低风险等级。

由此可见,整个长株潭地区水环境中仅长沙部分县级行政区的水环境中 Cd 的健康风险为无风险等级,其余县级行政区的 As、Cd、Cr^{6+} 皆处于较低甚至中等健康风险等级。

3.2.3 讨论

结合我国饮用水中重金属的限量标准可知,长株潭各县级行政区水环境中 As 含量十分接近我国饮用水限量标准,水环境中其余重金属含量皆远低于这个标准,表明长株潭地区水环境存在一定的 As 污染风险。对整个长株潭地区的水环境进行健康风险评价,结果表明,化学致癌物对人体健康危害个人年风险度远高于非致癌污染物,而化学致癌物中以

As 的风险最大，As 在长株潭各县级行政区的水环境中引起的健康风险皆达到较低风险等级以上，其中茶陵县、醴陵市和炎陵县已达到中等风险等级；其次是 Cr^{6+}，在各县级行政区水环境中的健康风险也皆达到较低风险等级；此外，水环境中 Cd 的健康风险除长沙的大部分县级行政区及株洲市辖区外，其余县级行政区水环境中 Cd 的健康风险也已皆达到较低风险等级。由此可见，长株潭地区水环境中 As、Cr^{6+}、Cd 通过饮用途径造成的健康风险虽风险等级不高，但因其在全区域内普遍存在，涉及范围广，更应引起饮用水前处理的高度重视。

学者们对不同地点、不同水源地水环境的监测结果皆表明，化学致癌物对人体健康危害个人年风险度远高于非致癌污染物，风险最大的是化学致癌物 Cr^{6+} 和 As，但受地域的影响对人体健康危害最大的污染物略有不同。如王鹤扬（2013）分析了北京市西城区水环境质量，结果表明风险最大的是化学致癌物 Cr^{6+} 和 As；苏伟等（2007）分析得出松花江干流对人体健康危害最大的是化学致癌物 Cr^{6+}；张琰等（2016）分析了东江博罗县段水环境的健康风险，结果表明对人体健康危害最大的是 As；王辉等（2015）分析了浑河水环境的健康风险，结果表明对人体健康危害最大的是化学致癌物 Cr^{6+}；张光贵等（2013）、王丽娜等（2015）对洞庭湖的水环境进行评价，结果表明 As 通过饮水途径危害人体健康的风险最大；孙树青等（2006）、秦普丰等（2008）、刘丽等（2011）、鲁滔等（2014）分别对湘江及长江湖南段的水环境进行评价，结果也表明，As 为主要风险污染物。从这些研究结果可以看出，当饮用水源为大型的湖泊、河流、库塘时，其水环境质量相对较好，但不管是多雨的南方还是干旱的北方，水环境中化学致癌物重金属元素中风险最大的皆是 As 和 Cr^{6+}。饮用水中重金属含量非常低，但由于大量饮用，长期累积，仍会严重危害人体健康。因此，去除饮用水中的化学致癌物 As、Cr^{6+}、Cd，对于提高饮用水的安全性十分必要。由于该研究仅考虑饮用水环境中 Cd、As、Cr^{6+}、Pb、Hg 等 5 项元素的暴露途径，未考虑除饮用水途径以外的其他暴露途径，如皮肤接触和吸入等，以及其他风险物引起的健康风险，实际上低估了水污染物暴露的风险。此外，通过饮用水暴露途径的健康风险还与人们的生活方式、生活习惯及职业类型密切相关（2004）。如魏岚等（2015）在和龙水库调研时发现，受养猪场含 As 废水排放的影响，水库水体中 As 所产生的致癌风险远高于人体最大可接受风险。此外，受降雨时空分布不均等因素的影响，不同时段水环境中重金属含量也存在差异，如鲁滔等（2014）、王丽娜等（2010）分别对长江岳阳段及洞庭湖水环境进行了时空分布特征研究，结果表明长江岳阳段水环境毒性物质总健康风险表现为平水期＞丰水期＞枯水期，而洞庭湖水环境毒性物质总健康风险则表现为丰水期＞枯水期＞平水期。因此，对区域内水环境的季节性波动有待进一步调研。此外，环境健康风险评价作为评价水环境健康风险的一种新方法，健康风险评价本身还存在较大的不确定性，如致癌强度系数与参考剂量的选取、各有毒物质对人体健康危害的累积效应分析等，许多方面尚待深入研究。

3.2.4 小结

长沙、株洲、湘潭各县级行政区水环境中 Cd、Pb、As、Cr^{6+}、Hg 含量，除株洲醴陵市和炎陵县的 As 含量超过饮用水限量标准外，其余县级行政区水环境中 Cd、Pb、As、

Cr^{6+}、Hg 皆在限量标准范围之内。其中，As、Pb 含量已非常接近饮用水限量标准，是饮用水前处理中应重点去除的元素。

长株潭地区水环境中重金属由饮用途径所致健康危害的个人年总风险为 2.28×10^{-5}～$8.84\times10^{-5}\,a^{-1}$，化学致癌物由饮用途径所致健康危害的个人年风险远高于非致癌物。化学致癌物由饮用途径所致健康危害的个人年风险顺序为 As＞Cr^{6+}＞Cd，其中 As 引起的风险为 1.15×10^{-5}～$7.71\times10^{-5}\,a^{-1}$，$Cr^{6+}$ 引起的风险为 0.84×10^{-5}～$1.32\times10^{-5}\,a^{-1}$，Cd 引起的风险为 0.03×10^{-5}～$0.39\times10^{-5}\,a^{-1}$。不同地区水环境中重金属引起的健康风险皆是长沙最低，As 和 Cr^{6+} 引起的健康风险表现为株洲＞湘潭＞长沙，Cd 的表现为湘潭＞株洲＞长沙。长株潭地区非致癌物重金属由饮用途径所致健康危害的个人年风险元素间表现为 Pb 高于 Hg，且 Pb 和 Hg 地区间皆表现为株洲＞湘潭＞长沙。长株潭地区的所有水源进入人们的饮用环节时，需进行饮用水化学致癌物 As、Cr^{6+}、Cd 的去除，以提高饮用水的安全性。

第 4 章　重金属污染农田生态萃取技术及风险

修复治理重金属污染的耕地是一个世界性的难题，我国南方稻田土壤以轻中度 Cd、As 及其复合污染较为突出。重金属污染土壤的修复治理，实现稻米安全生产，对确保我国粮食安全、社会稳定具有重要意义。重金属污染土壤的修复，根据处理土壤的位置是否变化可以分为原位修复和异位修复（Smith，2009），根据采用方法与原理的不同可以分为物理修复、化学修复、生物修复及综合修复（郝汉舟 等，2011）。物理修复和化学修复普遍存在工程量大、费用高、易造成二次污染等问题，而以植物萃取修复为主的生物修复技术，具有治理彻底、无二次污染、对土壤扰动少等优点。植物萃取修复作为一种新兴的绿色技术，能在不破坏土壤生态环境、保持土壤结构和微生物活性的条件下对土壤实现原位修复，具有成本低、安全、易为群众接受等优点（韦朝阳 等，2001）。Brooks 等（1977）提出超累积植物概念后，国内外学者逐步建立了重金属超富集植物的标准体系（Baker et al.，1983；聂发辉，2005；魏树和 等，2004）。迄今为止，国内外已发现巴西芥菜、龙葵、景天、圆叶决明、忍冬、商路、籽粒苋等 Cd 富集植物，还有蜈蚣草等 As 超富集植物，但这些超富集植物大部分都是野生植物资源，其生长速度慢、生物产量低、修复时间长、地域性强，并且大多只能修复一种重金属污染，难以达到修复重金属污染土壤的目的（龙玉梅 等，2019；张英 等，2018），以至于影响植物修复技术的有效性和广泛性应用（陈同斌 等，2002；宋玉婷 等，2018；温华 等，2005）。因此，寻找和培养适合本地种植且种植技术成熟的"三高"（高生物量、高富集移除效果、高经济效益）重金属富集植物，结合高效生态萃取剂进行土壤 Cd、As 活性强化的联合修复技术，可有效提高植物对土壤 Cd、As 的萃取能力，提升 Cd、As 污染土壤的植物修复效率（荀志祥 等，2018；张会曦 等，2019），是提高植物修复效果的长期策略（聂亚平 等，2016；张英 等，2018；张云霞 等，2019）。该技术已成为当前重金属污染土壤修复研究开发的热点，而寻找高效的生态萃取剂和重金属超富集植物则是该技术的关键。

本章选择湖南浏阳七宝山矿区中 Cd 富集能力强、生物量大且具有一定经济效益的植物为研究对象，拟通过盆栽实验方法，采用萃取剂对土壤 Cd、As 萃取效率进行研究，在湖南典型 Cd、As 复合污染稻田开展小区对比实验，拟明确其修复性能和修复成本，筛选更具应用价值的重金属污染土壤修复植物和高效萃取剂，支撑湖南及相近生态气候区重金属污染土壤的修复。

4.1　实验材料与方法

4.1.1　生态萃取剂筛选实验设计

4.1.1.1　供试材料

供试萃取剂：磷酸二氢钾、硫代硫酸钠、柠檬酸、乙酸钾、腐殖酸、乙二胺四乙酸四钠（EDTA）、三氯化铁、没食子酸、草酸钾、柠檬酸钠、谷氨酸二乙酸四钠（GLDA）、十二烷基硫酸钠（SDS）、甲基硅酸钾共13种药剂。

供试土壤：采自长沙县北山镇的花岗岩发育的麻砂泥水稻土。土壤pH为5.13，土壤总N含量为2.18g/kg，总P含量为1.35g/kg，总K含量为32.7g/kg，有机质含量为30.1g/kg，碱解N含量为208mg/kg，有效态P含量为21.8mg/kg，速效K含量为194mg/kg；土壤总Cd含量为0.90mg/kg，土壤有效态Cd含量为（1mol/L乙酸铵提取）0.32mg/kg；土壤总As含量为34.2mg/kg，土壤有效态As含量为（1mol/L乙酸铵提取）0.12mg/kg。

4.1.1.2 实验方法

实验采用盆栽模拟方法，每盆装风干土5kg。每个药剂一个处理，以清水为对照，共14个处理，每个处理3次重复。实验前浇水湿润土壤，不现明水。然后每个处理加入5g药剂（兑水3.0kg），每个用玻璃棒顺时针搅拌1min，隔1h后再逆时针搅拌1min，静置1h后移除上清液，测量上清液体积，并测定上清液Cd、As含量。第3天和第5天再按照上述程序只加入清水3.0kg/盆，并进行搅拌，测量上清液体积和上清液Cd、As含量。

4.1.1.3 分析方法

萃取液Cd、As含量：上清液过滤后直接用ICP-MS测定溶液Cd、As质量浓度。

数据处理：采用SPSS 17.0及Microsoft Excel 2003进行数据的统计分析。

4.1.2 富集植物筛选实验设计

4.1.2.1 供试材料

根据前期调研结果，选择湖南浏阳七宝山矿区10种"三高"富集植物（艾草、蓖麻、地肤、奇雅子、秋葵、商路、甜高粱、菊芋、籽粒苋、水稻）为研究对象，以Cd超富集植物景天和As超富集植物蜈蚣草为对照，选择湖南典型Cd、As复合污染农田开展小区实验。

实验地点为湖南省浏阳市永和镇石佳村，土壤基本理化性质为：pH为5.73，有机质含量为28.0g/kg，总N含量为2.75g/kg，有效态P含量为3.47mg/kg，速效K含量为71.0mg/kg，碱解N含量为138.0mg/kg，土壤总Cd、As含量分别为1.18mg/kg、71.5mg/kg，DTPA提取态Cd、As含量分别为0.42mg/kg、0.23mg/kg。

4.1.2.2 实验方法

实验采用厢垄种植（水稻除外），厢宽2.2m，沟宽0.3m，厢长8m，每个小区2厢，小区面积40m²，各3次重复。水稻因水分管理与其他植物不同，在田块的一端以大区进行，大区面积120m²，不设重复。各供试富集植物种植过程管理见表4.1。

表4.1 各供试富集植物种植过程管理

富集植物	苗期管理		施肥管理		种植方式
	播种量/(kg/hm²)	定苗数/(万株/hm²)	复合肥/(kg/hm²)	尿素/(kg/hm²)	
艾草	15	7.5	750	150	直播
蓖麻	60	1.5	750	150	直播
地肤	15	3.0	750	150	直播
奇雅子	15	3.0	750	150	直播

续表

富集植物	苗期管理		施肥管理		种植方式
	播种量/(kg/hm²)	定苗数/(万株/hm²)	复合肥/(kg/hm²)	尿素/(kg/hm²)	
秋葵	60	1.5	750	150	直播
商路	15	1.5	750	150	直播
甜高粱	60	3.0	750	150	直播
菊芋	3000	3.0	750	150	直播
籽粒苋	15	3.0	750	150	直播
水稻	60	7.5	750	50	直播
景天	—	7.5	750	150	移栽
蜈蚣草	—	3.0	750	50	移栽

4.1.2.3 分析方法

成熟期测定地上部生物量（干重），并取样测定地上部总 Cd、总 As 含量。植株总 Cd、总 As 含量分别按照《食品安全国家标准 食品中镉的测定》（GB 5009.15—2014）、《食品安全国家标准 食品中总砷及无机砷的测定》（GB 5009.11—2014）方法测定。

数据处理：采用 Origin 2017 作图，SPSS 17.0 及 Microsoft Excel 2003 进行数据的统计分析。

4.1.3 植物强化萃取修复实验设计

4.1.3.1 供试材料

供试水稻品种：国家杂交水稻工程技术研究中心清华深圳龙岗研究所选育的籼型两系杂交水稻深两优5814。

供试土壤：采自长沙县北山镇的花岗岩发育的麻砂泥水稻土。土壤 pH 为 5.13，土壤总 N 含量为 2.18g/kg，总 P 含量为 1.35g/kg，总 K 含量为 32.7g/kg，有机质含量为 30.1g/kg，碱解 N 含量为 208mg/kg，有效态 P 含量为 21.8mg/kg，速效 K 含量为 194mg/kg；土壤总 Cd 含量为 0.90mg/kg，土壤有效态 Cd 含量为 0.42mg/kg；土壤总 As 含量为 34.2mg/kg，土壤有效态 As 含量为 0.12mg/kg；土壤总 Pb 含量为 62mg/kg，土壤有效态 Pb 含量为 0.85mg/kg。

4.1.3.2 实验方法

实验采用盆栽模拟方法进行，每盆装风干土 10kg，土层高 12cm。以常规管理为对照（CK：GLDA0），分别设置浇施 GLDA（兑水 3kg）2g/盆、4g/盆、6g/盆、8g/盆、10g/盆（处理分别为：GLDA2、GLDA4、GLDA6、GLDA8、GLDA10），每盆施复合肥[$\omega(N):\omega(P_2O_5):\omega(K_2O)=15:15:15$] 5g，并浇水使土壤湿透；3月28日移栽籽粒苋，每盆移栽1株；并分别于4月20日和5月10日各追施尿素 2g/盆，7月15日收割籽粒苋后再施复合肥 5g，保持淹水并移栽水稻，每盆移栽2株，后期保持浅淹水（1~3cm）管理，10月16日收割水稻，进行产量和相关指标的测定。

4.1.3.3 分析方法

土壤 Eh 测定采用 Eh 计（SX 712，上海仪电科学仪器股份有限公司）原位测定，将

Eh 电极插入土壤表层下 2cm,读数稳定后计数,每桶测定 3 次,取平均值;土壤 pH 等其他理化性质按《土壤农业化学分析方法》(鲁如坤,2000)进行测定。

土壤有效态 Cd、有效态 As、有效态 Pb 含量:称 10.00g 土样,加入 1mol/L 的乙酸铵 50mL,25℃条件下 180r/min 振荡 1h 后过滤,稀释 20~100 倍后用 ICP-MS 测定溶液 Cd、As、Pb 质量浓度。

土壤总 Cd、总 As、总 Pb 含量:称过 100 目筛基础土样 0.2g 于消煮管中,采用 $HNO_3-H_2O_2-HF$ 微波消煮混合液,定容后过滤,稀释 20~100 倍后用 ICP-MS 测定溶液 Cd、As、Pb 质量浓度。

植株总 Cd、总 As、总 Pb 含量:称过筛粉碎样 0.3g 于消煮管中,采用 $HNO_3-H_2O_2$ 微波消煮混合液,定容后过滤,稀释 20~100 倍后用 ICP-MS 测定溶液 Cd、As、Pb 含量。

数据处理:采用 SPSS 17.0 及 Microsoft Excel 2003 进行数据的统计分析。

4.2 实验结果与讨论

4.2.1 生态萃取剂的筛选

4.2.1.1 萃取剂对萃取液回收率的影响

采用盆栽模拟方法,对磷酸二氢钾、硫代硫酸钠、柠檬酸、乙酸钾、腐殖酸、乙二胺四乙酸四钠(EDTA)、三氯化铁、没食子酸、草酸钾、柠檬酸钠、谷氨酸二乙酸四钠(GLDA)、十二烷基硫酸钠(SDS)、甲基硅酸钾共 13 种药剂进行筛选,结果表明(图 4.1),溶液回收率为 70.7%~94.9%。回收率最高的是 CK,而腐殖酸、草酸钾、EDTA、三氯化铁、没食子酸、柠檬酸钠、GLDA、SDS 等 8 个处理的溶液回收率仅为 70.7%~86.3%,显著低于 CK,而其他处理与 CK 无显著差异。可见,腐殖酸、草酸钾、EDTA、三氯化铁、没食子酸、柠檬酸钠、GLDA、SDS 等含有有机基团或容易与土壤胶体等形成络合物的处理,其水分排出较为困难。

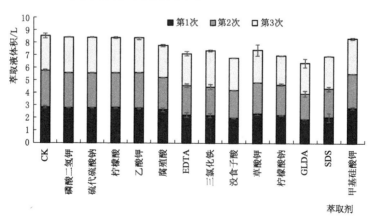

图 4.1 不同处理萃取液的排出体积

4.2.1.2 萃取剂对 Cd、As 萃取浓度的影响

测定萃取液 Cd 浓度结果表明(图 4.2),第 1 次萃取效果表现为三氯化铁>GLDA>

EDTA＞其他处理；第 2 次萃取效果表现为 GLDA＞EDTA＞三氯化铁＞其他处理，且 EDTA、三氯化铁、GLDA 3 个萃取剂前两次萃取液 Cd 浓度远高于第 3 次。GLDA、ED-TA、三氯化铁前两次萃取液 Cd 浓度平均分别为 0.26mg/kg、0.24mg/kg、0.21mg/kg，皆显著高于其他处理，表明 GLDA、EDTA、三氯化铁是 Cd 污染土壤较为理想的萃取剂。

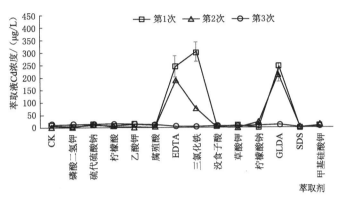

图 4.2 不同处理萃取液的 Cd 浓度

测定萃取液 As 浓度结果表明（图 4.3），第 1 次萃取效果为 GLDA＞磷酸二氢钾＞柠檬酸钠＞硫代硫酸钠＞没食子酸＞甲基硅酸钾＞三氯化铁＞SDS＞其他处理，而第 2 次萃取效果为 GLDA＞柠檬酸钠＞甲基硅酸钾＞磷酸二氢钾＞硫代硫酸钠＞SDS＞其他处理，且以上处理萃取液 As 浓度皆显著高于第 3 次。其中，GLDA、磷酸二氢钾、柠檬酸钠 3 个处理前两次萃取液 As 的平均浓度分别为 0.38mg/kg、0.28mg/kg、0.26mg/kg，硫代硫酸钠、甲基硅酸钾则分别为 0.18mg/kg、0.15mg/kg，皆显著高于其他处理，表明 GLDA、磷酸二氢钾、柠檬酸钠、硫代硫酸钠、甲基硅酸钾可用于 As 污染土壤的萃取修复。综上，由于不同萃取剂对 Cd、As 的萃取效果不同，其中仅 GLDA 对 Cd、As 皆存在较好的萃取效果，是 Cd、As 复合污染土壤较为理想的萃取剂；而 GLDA、EDTA、三氯化铁可作为 Cd 污染土壤较为理想的萃取剂，GLDA、磷酸二氢钾、柠檬酸钠、硫代硫酸钠、甲基硅酸钾是 As 污染土壤较好的萃取剂。

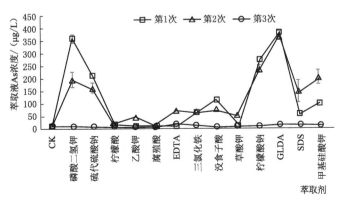

图 4.3 不同处理萃取液的 As 浓度

综上,由于不同萃取剂对 Cd、As 的萃取效果不同,其中仅 GLDA 对 Cd、As 皆存在较好的萃取效果,是 Cd、As 复合污染土壤较为理想的萃取剂;而 GLDA、EDTA、三氯化铁可作为 Cd 污染土壤较为理想的萃取剂,GLDA、磷酸二氢钾、柠檬酸钠、硫代硫酸钠、甲基硅酸钾是 As 污染土壤较好的萃取剂。

4.2.1.3 萃取剂对 Cd、As 萃取总量的影响

计算不同萃取剂处理萃取 Cd、As 的结果表明,由于萃取液体积差异较小,但不同萃取剂的萃取液 Cd、As 浓度差异较大,导致不同萃取剂萃取 Cd、As 的总量差异也极大。

不同萃取剂萃取 Cd 的总量结果表明(图 4.4),3 次萃取总量最大的达 1.14mg/盆,最小的仅 8.9μg/盆,最大值是最小值的 128 倍;其中,EDTA、GLDA、三氯化铁对 Cd 的萃取效果较好,其萃取总量分别为 1.14mg/盆、1.05mg/盆、0.98mg/盆,其余的萃取剂萃取效果不理想。

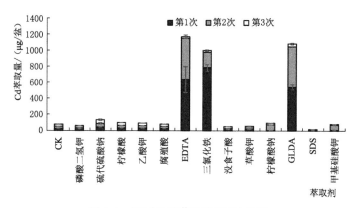

图 4.4 不同处理萃取液的 Cd 总量

不同萃取剂萃取 As 的总量结果表明(图 4.5),3 次萃取总量最大达 1.59mg/盆,最小的仅 43.35μg/盆,两者相差 36.7 倍。其中,磷酸二氢钾、GLDA、柠檬酸钠、硫代硫酸钠对 As 的萃取效果较好,其萃取总量达 0.47~1.59mg/盆,其余萃取剂萃取 As 的效果皆不理想。

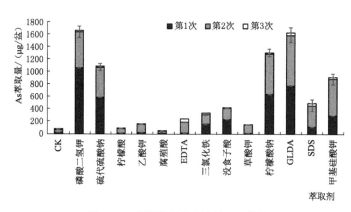

图 4.5 不同处理萃取液的 As 总量

结合萃取 Cd、As 总量的效果可知，GLDA 是 Cd、As 复合污染土壤较为理想的萃取剂；EDTA、GLDA、三氯化铁则可应用于 Cd 污染土壤的萃取剂，磷酸二氢钾、GLDA、柠檬酸钠、硫代硫酸钠则可用于 As 污染土壤进行萃取修复。

4.2.1.4 萃取修复的土壤养分流失风险

而不同萃取剂对土壤养分（N、P、K）的淋失风险结果表明［图 4.6（a）］，增加了 N 流失风险的萃取剂有：GLDA、柠檬酸钠、柠檬酸、磷酸二氢钾、硫代硫酸钠、EDTA、三氯化铁、IDA 等；增加了 P 流失风险的萃取剂有：EDTA、乙酸钾、甲基硅酸钾、SDS、没食子酸、硫代硫酸钠、三氯化铁、草酸钾、GLDA、柠檬酸钠、磷酸二氢钾

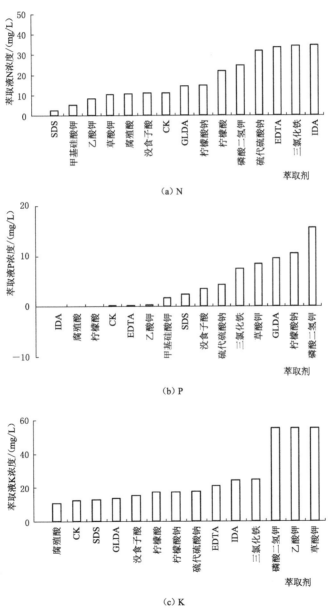

图 4.6 不同萃取剂对土壤 N、P、K 的流失风险

等[图4.6 (b)];而除腐殖酸外的其他萃取剂皆增加了K的流失风险[图4.6 (c)]。因此,在实际应用过程中,应综合平衡萃取剂对土壤重金属的萃取效果及N、P、K等养分的流失风险。可见,GLDA、三氯化铁、柠檬酸钠、硫代硫酸钠对土壤Cd、As的萃取效果较好,但GLDA的磷流失风险较高,三氯化铁、柠檬酸钠的N、P、K流失风险皆较高;硫代硫酸钠的氮流失风险较高。

4.2.1.5 讨论

植物萃取作为一种治理土壤污染的新技术已显示出巨大的商业前景。当前采用植物修复的主要途径有以下3种(温华 等,2005):①直接种植超富集植物进行土壤的萃取修复;②种植生物量大且重金属耐性高的植物进行修复;③通过高生物量与高效萃取剂的联合修复。但由于现有的超富集植物大部分都是野生植物资源,其生长速度慢、生物产量低、修复时间长、地域性强,并且大多只能修复一种重金属污染,难以达到修复重金属污染土壤的目的(龙玉梅 等,2019;张英 等,2018)。通过高生物量与高效萃取剂的联合修复,具有可应用植物种类多、种植技术成熟、易推广等优点,而更容易被人们所接受。而高效萃取剂的筛选及萃取剂与作物的互作萃取效率则是该技术的难点和重点,本章拟通过盆栽实验方法,采用萃取剂对土壤Cd、As萃取效率进行研究,以期为高效萃取剂的筛选提供参考。该研究结果表明,EDTA、三氯化铁、GLDA对Cd的萃取效果较为理想,其3次萃取总量分别为1.14mg/盆、0.98mg/盆、1.05mg/盆,按照土壤总Cd为0.9mg/kg计算,其萃取效率可达22%~25%;而按照土壤有效态Cd为0.32mg/kg计算,其萃取效率则可达60.9%~71.4%。而同样计算As的萃取效果可知,磷酸二氢钾、硫代硫酸钠、柠檬酸钠、GLDA萃取As的效果最好,其萃取量分别达1.59mg/kg、1.04mg/kg、1.25mg/kg、1.55mg/kg,按照土壤总As为34.2mg/kg计算,其萃取效率仅为0.6%~0.9%;但按土壤有效态As为0.12mg/kg计算,其萃取效率则可达1.74~2.65倍。从萃取效率来看,筛选出的萃取剂对土壤有效态Cd、As的萃取效果较为理想;但从总量来看,萃取剂萃取Cd的效果较为理想,而萃取As的能力则极为有限。由于该研究以萃取液Cd、As浓度及萃取量对萃取剂的萃取能力进行初步评价,对土壤类型、环境因子的影响尚未做研究,尤其是萃取剂与作物的互作萃取效应还有待深入研究。

4.2.2 富集植物的筛选

4.2.2.1 富集植物生物量

成熟期测定各富集植物地上部生物量表明(图4.7),不同富集植物间生物量差异显著,所有备选富集植物的生物量皆显著高于对照景天和蜈蚣草。其中,甜高粱生物量最大,其生物量是景天的51.8倍($p<0.05$),蜈蚣草的28.7倍($p<0.05$);其次是蓖麻和水稻,其生物量也分别是景天的31.0倍($p<0.05$)和21.0倍($p<0.05$),蜈蚣草的17.2倍($p<0.05$)和11.7倍($p<0.05$);

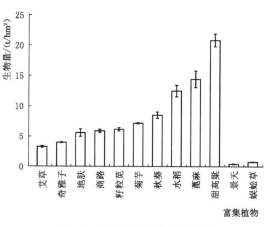

图4.7 富集植物地上部生物量

然后是秋葵、菊芋、籽粒苋、商路、地肤,其生物量平均为景天的 16.4 倍 ($p<0.05$),蜈蚣草的 9.1 倍 ($p<0.05$);而奇雅子和艾草生物量最小,但也皆显著高于超富集植物蜈蚣草和景天。可见,传统的超富集植物景天和蜈蚣草生物量相对较小,而其他富集植物的生物量皆显著高于景天和蜈蚣草。

4.2.2.2 富集植物地上部重金属含量

测定"三高"富集植物地上部 Cd、As 含量表明(图 4.8),不同植物间 Cd、As 含量差异显著,景天 Cd 含量最高,蜈蚣草 As 含量最高。所有备选富集植物 Cd 含量皆远低于景天,而 As 含量则皆显著低于蜈蚣草,所有备选富集植物皆未达到超富集植物的相关标准。备选富集植物中,Cd 含量较高的籽粒苋和秋葵,其 Cd 含量也仅为景天的 11.0%($p<0.05$)和 15.4%($p<0.05$);其次为地肤、艾草、商路、水稻、菊芋,其 Cd 含量为景天的 2.9%~7.4%($p<0.05$);Cd 含量较低的甜高粱、蓖麻、奇雅子等,其 Cd 含量小于景天的 1.1%($p<0.05$)。备选富集植物中,As 含量最高的是奇雅子,其 As 含量也仅为蜈蚣草的 3.4%($p<0.05$),其余富集植物的 As 含量则更低。可见,备选富集植物吸收 Cd 的能力相对较强,而累积 As 的能力相对较弱。

4.2.2.3 富集植物地上部重金属累积总量

计算富集植物地上部 Cd、As 累积总量结果表明(图 4.9),籽粒苋、秋葵、水稻、地肤 Cd 累积总量高于景天,Cd 累积总量分别比景天高 133.3%($p<0.05$)、131.3%($p<0.05$)、10.6% 和 1.6%,其余富集植物的 Cd 富集总量皆显著低于景天。As 累积总量较高的有甜高粱、奇雅子和水稻,但其 As 累积总量也仅为蜈蚣草的 38.0%($p<0.05$)、18.6%($p<0.05$)和 15.4%($p<0.05$),其余富集植物 As 累积总量更低。可见,从总量上看,籽粒苋、秋葵比景天更适合作为 Cd 污染土壤修复植物,水稻和地肤也可以根据实际情况替代景天;而 As 污染土壤的修复,所有备选富集植物修复能力皆极为有限。

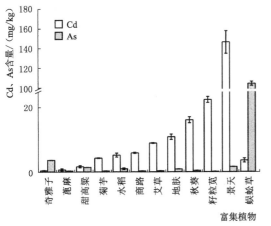

图 4.8 富集植物地上部 Cd、As 含量　　图 4.9 富集植物地上部 Cd、As 累积总量

4.2.2.4 富集植物修复成本分析

根据各富集植物种植过程所需要的农资和人力成本估算修复成本(表 4.2),生产资

料成本主要包含种子种苗及农药肥料等农资，其费用按照实际用量与当地销售价格进行计算；而人力成本主要包含耕地播种、田间管理、秸秆移除等方面，所有人力成本根据实际所需要人工数量，按照150元/d计算。可见，不同富集植物的总成本为3.11万～11.31万元/hm^2，且主要发生在人力成本上，平均人力成本占总成本的81.7%。其中，水稻种植成本最低，景天种植成本最高，其余的差异较小。

表4.2　　　　　　　　　　　　不同富集植物修复成本　　　　　　　　　　　单位：万元/hm^2

富集植物	生产资料成本					人力成本							合计
	种子种苗	复合肥	尿素	农药	小计	耕地	播种移栽	间苗定苗	施肥	打药	除草	秸秆移除	小计	
艾草	0.09	0.21	0.03	0.05	0.38	0.30	0.45	0.45	0.45	0.45	0.90	0.90	3.90	4.28
蓖麻	0.30	0.21	0.03	0.05	0.59	0.30	0.45	0.45	0.45	0.45	0.90	0.90	3.90	4.49
地肤	0.08	0.21	0.03	0.05	0.37	0.30	0.45	0.45	0.45	0.45	1.35	0.90	4.35	4.72
奇雅子	0.08	0.21	0.03	0.05	0.37	0.30	0.45	0.45	0.45	0.45	1.35	0.90	4.35	4.72
秋葵	0.24	0.21	0.03	0.05	0.53	0.30	0.45	0.45	0.45	0.45	0.90	0.90	3.90	4.43
商路	0.08	0.21	0.03	0.05	0.37	0.30	0.45	0.45	0.45	0.45	0.90	0.90	3.90	4.27
甜高粱	0.03	0.21	0.03	0.05	0.32	0.30	0.45	0.45	0.45	0.45	0.90	1.80	4.80	5.12
菊芋	1.35	0.21	0.03	0.05	1.64	0.90	—	0.45	0.45	0.45	0.90	1.35	4.35	5.99
籽粒苋	0.08	0.21	0.03	0.05	0.37	0.30	0.45	0.45	0.45	0.45	0.90	0.90	3.90	4.27
水稻	0.30	0.21	0.01	0.05	0.57	0.30	0.45	0.45	0.45	—	0.90	—	2.55	3.12
景天	6.00	0.21	0.03	0.05	6.29	0.30	—	0.90	0.45	0.45	2.25	0.68	5.03	11.32
蜈蚣草	3.00	0.21	0.01	0.05	3.27	0.30	—	0.90	0.45	0.45	0.90	0.68	3.68	6.95

不同富集植物生产资料成本差异较大。生产资料成本较低的是艾草、地肤、奇雅子、商路、甜高粱、籽粒苋，仅0.31万～0.37万元/hm^2；生产资料成本最高的是景天，其次为蜈蚣草，由于景天和蜈蚣草需要购买种苗，其生产资料成本分别达6.28万元/hm^2和3.26万元/hm^2，种苗成本分别占生产资料成本的95.5%和92.0%；而菊芋生产成本也高，主要是菊芋块根种植，种苗成本占了生产资料成本的82.8%。

人力成本主要发生在人工除草和秸秆移除上，平均占人力成本的27.3%和24.1%；而播种移栽、间苗定苗、施肥、打药则分别占人力成本的11.1%～13.3%。人力成本最低的是水稻，其次是蜈蚣草，然后是艾草、蓖麻、秋葵、商路、籽粒苋，人力成本最高的是景天，达5.03万元/hm^2，主要是由于人工除草成本较高。

可见，凡是种植技术成熟、以种子进行繁殖的成本较低；而需要购买种苗、块茎等进行种植或除草要求高的成本较高；此外，生物量大的富集植物，移除所需的人力成本也较高。因此，从成本上看，修复植物应选择以种子繁育、生物量中等、生长快且种植技术成熟的富集植物。

4.2.3　植物强化萃取修复技术（籽粒苋＋GLDA强化萃取修复技术）

4.2.3.1　GLDA＋籽粒苋强化萃取对籽粒苋Cd吸收影响

通过不同GLDA用量与籽粒苋对土壤Cd萃取实验结果表明（图4.10），施用GLDA

后,籽粒苋叶和茎的 Cd 含量随 GLDA 施用量的增加而增加,Cd 富集能力增加。施用 GLDA 2g/盆、4g/盆、6g/盆、8g/盆、10g/盆的籽粒苋叶 Cd 含量分别比 CK 增加 4.97%、19.69%、37.91%($p<0.05$)、46.60%($p<0.05$)、55.93%($p<0.05$);施用 GLDA 2g/盆、4g/盆、6g/盆、8g/盆、10g/盆的籽粒苋茎 Cd 含量分别比 CK 增加 5.96%、47.24%($p<0.05$)、54.51%($p<0.05$)、80.58%($p<0.05$)、101.98%($p<0.05$)。可见,施用 GLDA 对水稻茎 Cd 含量的增加幅度高于叶。而施用 GLDA 对籽粒苋产量无显著影响(图 4.11),空白对照籽粒苋的产量为 8285kg/hm²,而施用 GLDA 10kg/亩、20kg/亩、30kg/亩、40kg/亩、50kg/亩的籽粒苋产量分别比对照增产 1.63%、-1.33%、0.78%、0.84%、1.27%,但皆无显著差异。

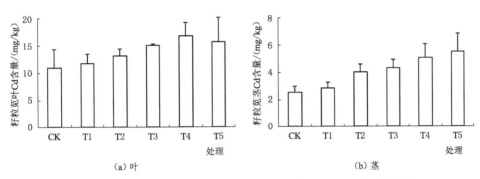

图 4.10 不同 GLDA 用量(处理)对籽粒苋叶、茎 Cd 含量的影响

4.2.3.2 GLDA+籽粒苋强化萃取对土壤 pH 及土壤有效态 Cd 的影响

施用 GLDA 对土壤有效态 Cd 含量及土壤 pH 的影响结果表明(图 4.12),施用 GLDA 有提高土壤有效态 Cd 含量的趋势,但差异不明显;施用 GLDA 对提高土壤 pH 也有一定效果,差异也不显著,这主要是由于 GLDA 为强碱性物质,施用后提高了土壤 pH,但 GLDA 同时也是一种阳离子活化剂,对提高土壤 Cd 的活性具有一定的促进作用。可见,施用 GLDA 可活化土壤 Cd,但因同时提高了土壤 pH,从而对 Cd 也存在一定的钝化作用,因此,施用 GLDA 反而对籽粒苋吸收累积 Cd 存在一定的抑制作用。

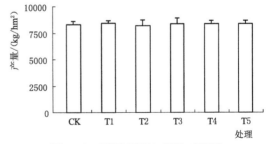

图 4.11 不同 GLDA 用量(处理)对籽粒苋产量的影响

4.2.3.3 讨论

植物修复技术主要包含植物萃取、植物挥发、植物稳定等,其中比较常用的是植物萃取技术。植物萃取是指在受重金属污染的土壤上连续种植富集型植物,用其根系吸收污染土壤中的有毒有害物质并运移至植物的上部,通过收割地上部物质带走土壤中污染物的一种方法。该法具有费用低廉、不破坏场地结构、不造成地下水二次污染、修复植物同时能实现其生态功能和修复功能、易为社会接受等优点,被认为是最具发展前景的重金属污染

土壤修复技术（张云霞 等，2019）。

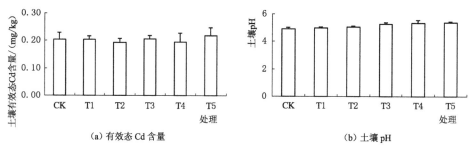

图 4.12 不同用量 GLDA 的土壤有效态 Cd 含量及土壤 pH

但由于超富集植物景天和蜈蚣草等皆存在生物量小、移除总量低等缺陷，因此，选用生物量大、重金属移除总量高的富集植物是植物修复技术的关键（白洁 等，2008；徐剑锋 等，2017；韦朝阳 等，2001；赵根成 等，2010）。本章结果表明，与 Cd 超富集植物景天相比，所有备选富集植物的 Cd 含量皆显著低于景天，但生物量皆显著高于景天。其中，籽粒苋、秋葵由于 Cd 含量较高且生物量大，Cd 移除总量显著高于景天，因此，籽粒苋和秋葵比景天更适合作为 Cd 污染土壤的修复植物；而水稻、地肤的 Cd 含量也仅略低于籽粒苋和秋葵，但由于生物量大，其移除总量也与景天相当，且水稻、地肤的种植技术比景天更为成熟，适应性更强，完全可以作为景天的替代修复植物。而与 As 超富集植物相比，所有备选富集植物的 As 含量太低，其移除总量也不高，因此，本章中的所有备选富集植物皆不适合作为 As 污染土壤的修复植物。

同时，由于高浓度的重金属直接影响修复植物的生长，进而影响治理效率（李婧 等，2015；孙正国，2015；张英 等，2018）。因此，植物修复技术较适合中低浓度重金属污染土壤的治理，而并不适用于高浓度重金属污染土壤的修复（程国玲 等，2008；胡亚虎 等，2010）。本章选择的土壤总 Cd 含量为 1.18mg/kg，假设修复植物每年移除总量相同，采用植物修复方法将实验土壤修复到国家标准规定的 0.3mg/kg，超富集植物景天需要 35 年，籽粒苋和秋葵需皆只要 15 年，而水稻和地肤则分别需要 32 年和 34 年，商路、甜高粱、菊芋、艾草则需要 60～71 年，其他植物所需年限更高。而植物修复在实际应用过程中，受富集植物移除及环境等因素的影响，土壤总 Cd 含量及 Cd 活性逐年下降，富集植物每年所累积的 Cd 总量也会逐年降低（孙鑫 等，2017），因此，以上富集植物实际修复年限远高于上述方法计算的理论年限，植物修复时间长也极大地限制了其推广应用。因此，通过添加柠檬酸、苹果酸或施加氮肥、真菌等措施提升土壤重金属活性，强化植物修复效果（毛亮 等，2011；王林 等，2008），或通过富集植物与非富集植物、土壤动物、微生物间作或套作种植，能降低一种作物对重金属的吸收，对该作物提供一定的污染防护作用，达到联合修复效果（唐浩 等，2013；周建利 等，2014；王永平 等，2015），是植物修复下一步研究的主要方向。

相对淋洗等土壤 Cd 净化技术，成本低是植物修复的重要优势（陈磊 等，2014；王庆海 等，2013）。但随着近年来人力成本的加重，富集植物修复成本也急剧增加，本章中，富集植物的修复成本中人力成本所占比重达81.7%。因此，推行机械化配套技术，减少人力的投入是降低植物修复成本的关键。人力成本中又以除草和秸秆移除所占比重差异较大，表明生物量越高，其修复成本越高；修复植物生长越快，除草次数越少，其修复成本越低，因此，筛选重金属富集能力强、生长快、产量高且易进行机械化生产的富集植物是降低修复成本的重要途径。此外，本章中备选的修复植物中，艾草、蓖麻、地肤、奇雅子、秋葵、商路等具有一定的药用开发价值，皆具有较好的开发前景；而甜高粱、菊芋、籽粒苋、水稻等则是当前生物质能源的主要原料，也具有一定开发前景，可培育出较好的产业链。因此，筛选以种子种繁殖、生长快且种植技术成熟的，具有较高的生物量、较高的富集能力、较高经济价值的"三高"富集植物，并集成配套机械化作业模式是当前植物修复技术推广应用的最可行途径。

总的来说，采用富集植物修复Cd污染土壤是可行的，富集植物+萃取剂的联合修复对土壤Cd、As活性具有较好的提升效果，但其配套栽培技术有待深入研究。

4.2.4 植物强化萃取修复技术的环境风险评价

4.2.4.1 籽粒苋-GLDA强化萃取修复对后茬水稻产量的影响

测定籽粒苋-GLDA强化萃取修复的后茬水稻产量结果表明（图4.13），施用GLDA的水稻产量皆有不同程度的减产，与CK（GLDA0）相比，施用GLDA 2~10g/盆的水稻产量降低1.25%~6.22%，但差异不显著。

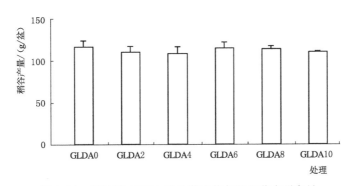

图4.13 籽粒苋-GLDA强化萃取修复的后茬水稻产量

4.2.4.2 籽粒苋-GLDA强化萃取修复对后茬水稻稻米重金属含量的影响

测定籽粒苋-GLDA强化萃取修复的后茬稻米Cd、As、Pb含量结果表明（图4.14），稻米Cd、Pb含量皆随GLDA施用量的增加而下降，而稻米As含量则随GLDA施用量的增加而上升。与CK相比，施用GLDA 2~10g/盆的稻米Cd含量降低17.63%~86.30%、Pb含量降低10.12%~38.77%，而As含量则增加了12.68%~108.66%。可见，采用籽粒苋-GLDA强化萃取后有利于降低稻米Cd、Pb的累积，但会增加稻米As含量，其作用效果皆随GLDA用量的增加而增强。

4.2.4.3 籽粒苋-GLDA强化萃取修复对后茬水稻茎叶重金属含量的影响

测定籽粒苋-GLDA强化萃取修复的后茬水稻茎、叶片Cd、As、Pb含量结果表明（图4.15、图4.16），茎、叶片Cd、As、Pb含量随GLDA用量的变化趋势与稻米基本一致。与 CK 相比，施用 GLDA 2～10g/盆的茎 Cd 含量降低 39.59%～84.09%、Pb 含量降低 30.98%～71.38%，而 As 含量仅 GLDA8 和 GLDA10 两个处理显著增加，分别增加了 42.78% 和 64.12%；叶片 Cd 含量降低 26.91%～85.54%、Pb 含量降低 8.64%～29.23%，而 As 含量则增加了 21.12%～109.39%。可见，籽粒苋-GLDA 强化萃取修复对降低后茬水稻茎叶 Cd、Pb 含量具有显著作用，但同样会增加 As 含量，其作用效果也皆随 GLDA 用量的增加而增强。

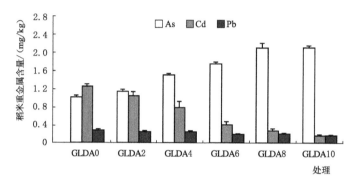

图 4.14 籽粒苋-GLDA 强化萃取修复后茬稻米重金属含量

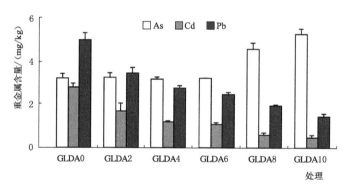

图 4.15 籽粒苋-GLDA 强化萃取修复后茬水稻茎重金属含量

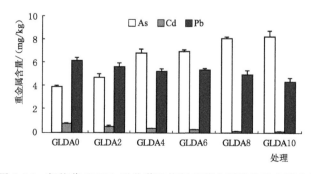

图 4.16 籽粒苋-GLDA 强化萃取修复后茬水稻叶片重金属含量

4.2.4.4 籽粒苋-GLDA强化萃取修复对后茬水稻土壤重金属有效性的影响

测定籽粒苋-GLDA强化萃取修复的后茬水稻土壤有效态Cd、As、Pb含量结果表明（图4.17），土壤有效态As含量极低，仅0.01~0.02mg/kg；而土壤有效态Cd、Pb含量处理间差异明显，皆随GLDA用量的增加而逐渐降低。与CK相比，施用GLDA 2~10g/盆的土壤有效态Cd含量降低了6.08%~19.01%，而土壤有效态Pb含量则降低了17.81%~28.16%。可见，籽粒苋-GLDA强化萃取修复可降低土壤有效态Cd、Pb含量，其作用效果皆随GLDA用量的增加而增强，但对土壤有效态As含量无显著影响。

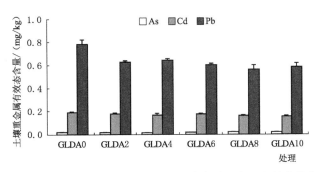

图4.17 籽粒苋-GLDA强化萃取修复后茬水稻土壤重金属有效态含量

4.2.4.5 籽粒苋-GLDA强化萃取修复对后茬水稻土壤pH、Eh的影响

测定水稻成熟期土壤pH结果表明（图4.18），土壤pH随GLDA用量的增加而增加。与CK相比，施用GLDA 2~10g/盆的土壤pH增加了0.36~1.06个单位，表明施用GLDA对后茬水稻有提高土壤pH的作用，且其作用随GLDA用量的增加而增加。

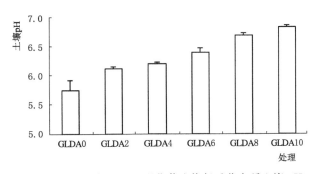

图4.18 籽粒苋-GLDA强化萃取修复后茬水稻土壤pH

测定水稻分蘖期和成熟期土壤Eh结果表明（图4.19），土壤Eh皆随GLDA用量的增加而降低，GLDA用量为6~10g/盆的处理，其分蘖期和成熟期的土壤Eh皆低于-140mV。与CK相比，施用GLDA 2~10g/盆的土壤Eh在后茬水稻分蘖期降低125~310mV；而在成熟期则降低了51~203mV。

4.2.4.6 稻米重金属含量与土壤重金属有效态含量及pH和Eh的相关分析

分析水稻成熟期水稻产量、稻米重金属含量、土壤重金属有效态含量及pH和Eh的相关分析结果表明（表4.3），产量与其他指标间皆无显著相关性；稻米As含量与稻米Pb、Cd含量及土壤有效态Pb、Cd含量皆呈极显著负相关，而稻米Pb与Cd含量、土壤有效态Pb与Cd含量相互之间皆呈极显著正相关，可见稻米对As的累积与Pb、Cd相反。

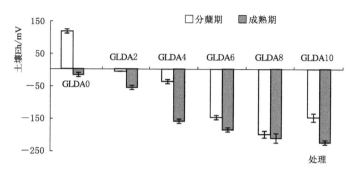

图4.19 籽粒苋-GLDA强化萃取修复后茬水稻分蘖期和成熟期土壤Eh

稻米As含量与土壤pH呈极显著正相关，与土壤Eh呈极显著负相关，而稻米Cd、Pb则与之相反；土壤有效态As含量与土壤pH和Eh皆无显著相关性，而土壤有效态Cd、Pb含量则皆与土壤pH呈极显著负相关，与土壤Eh呈极显著正相关，表明稻米Pb、Cd含量与土壤有效态Pb、Cd含量和pH及Eh的共同调节；而稻米As的累积则主要受土壤pH及Eh的影响。

表4.3　稻米重金属含量与土壤重金属有效态含量及pH和Eh的相关系数

项目		稻米			土壤				
		As	Cd	Pb	As	Cd	Pb	pH	Eh
产量		−0.078	0.089	−0.015	0.455	0.172	0.151	−0.125	0.168
稻米	As		−0.976**	−0.881**	0.059	−0.742**	−0.787**	0.947**	−0.945**
	Cd			0.914**	−0.03	0.713**	0.817**	−0.962**	0.941**
	Pb				−0.264	0.767**	0.775**	−0.931**	0.848**
土壤	As					−0.114	−0.086	0.089	0.078
	Cd						0.714**	−0.826**	0.796**
	Pb							−0.863**	0.829**

注　**表示在0.01水平（双侧）上显著相关。

4.2.4.7　讨论

植物强化萃取修复技术作为一种新兴高效、绿色廉价的原位修复技术，可广泛应用于矿山的复垦、重金属污染土壤的改良，是目前最清洁的污染处理技术（胡洁 等，2011），具有良好的经济和生态综合效益，易被大众接受，具有广阔的应用前景。目前，研究较多的强化措施主要有化学、微生物、基因工程及农艺调控技术等。其中，化学调控技术主要是通过添加外来物质以改变土壤的化学性质，或直接与重金属相结合，改变重金属的赋存形态及生物有效性等，最终强化作物对重金属的吸收（徐剑锋 等，2017）。植物修复技术因富集植物生物量小和生长缓慢等影响了其有效性和广泛性（陈同斌 等，2002；宋玉婷 等，2018；郑君健 等，2013）。而采用高生物量、种植技术成熟的当地植物，结合 GLDA 等高效萃取剂的植物强化-萃取修复技术更容易被采用（袁江 等，2016；郑君健 等，2013；卫泽斌 等，2015）。籽粒苋＋可生物降解生态萃取剂 GLDA 的联合修复技术是当前较为成熟的植物强化萃取修复技术（金晶 等，2018；罗艳 等，2014；吴青 等，2015）。因此，本章通过籽粒苋＋GLDA 不同用量的萃取修复实验，研究其对后茬水稻产量和重金属吸收累积的影响，可为植物强化萃取修复技术的后茬重金属污染风险提供参考。

本章结果表明，籽粒苋＋GLDA 不同用量的萃取修复对后茬水稻产量无显著影响，但都有减产风险。造成水稻减产的原因可能是由于 GLDA 强化萃取修复过程中，土壤养分也被激活移除，造成后茬水稻养分供给水平降低；另外，GLDA 或其分解产物对水稻的生长存在一定的抑制作用，或者是 GLDA 含有大量的 Na^+ 存在一定毒害。因此，在采用 GLDA 作为强化萃取剂的土壤中，后茬水稻的种植应降低 GLDA 用量或者增加植物修复与后茬水稻的种植间隔时间，同时根据土壤实际情况适当补充养分。

本章结果还显示，籽粒苋＋GLDA 强化萃取修复降低了后茬水稻稻米、茎、叶 Cd、Pb 含量，且其含量随 GLDA 用量的增加而降低；但显著增加了稻米、茎、叶 As 含量，其含量随 GLDA 用量的增加而增加。表明籽粒苋＋GLDA 的强化萃取修复技术可显著降低后茬水稻对 Cd、Pb 的吸收累积，但会增加水稻对 As 的吸收；其原因可能是施用 GLDA 带入了大量的 Na^+，土壤碱性增强，pH 增加，降低了土壤有效态 Cd、Pb 含量，从而减少水稻对 Cd、Pb 的吸收；同时，施用 GLDA 还显著地降低了土壤 Eh，可能是其分解过程中消耗了大量的 O_2，GLDA 体现出还原剂的特点，显著降低了土壤 Cd、Pb 的移动性；且由于土壤 pH 增加和土壤 Eh 下降，还增强了土壤 As 的生物活性，极大地加强了水稻 As 的吸收累积（辜娇峰 等，2016；李园星露 等，2018）。

可见，采用籽粒苋＋GLDA 的植物强化萃取修复技术，对后茬作物产量无显著影响，且可显著降低稻米 Cd、Pb 含量，但会增加 As 污染风险。因此，在籽粒苋＋GLDA 强化萃取修复后种植水稻，应适当调整水分管理和施肥技术等，确保水稻产量和重金属污染风险。

4.3 本 章 小 结

从萃取浓度和萃取总量看，EDTA、GLDA、三氯化铁对土壤 Cd 的萃取效果较好，可用于 Cd 污染土壤的萃取修复；磷酸二氢钾、GLDA、柠檬酸钠、硫代硫酸钠萃取 As 的效果较好，可用于 As 污染土壤的强化萃取；而 GLDA 对 Cd、As 的萃取效果皆较为理想，还可作为 Cd、As 复合污染土壤的萃取剂。

从富集植物生物量和地上部重金属含量及累积总量看，超富集植物景天和蜈蚣草的生物量虽然较小，但景天地上部 Cd 含量最高，蜈蚣草 As 含量最高。而本章中备选的富集植物生物量虽较高，但其吸收重金属含量较低，尤其富集 As 能力更低。根据研究成果和成本分析，籽粒苋、秋葵比景天更适合作为 Cd 污染土壤修复植物，水稻和地肤也可以根据实际情况替代景天；蜈蚣草可作为 As 污染土壤的修复植物，而所备选的富集植物因吸收 As 含量过低，且移除总量不高，皆不适合作为 As 污染土壤的修复植物。

从籽粒苋＋GLDA 不同用量的萃取对后茬水稻产量和重金属吸收累积的影响看，籽粒苋-GLDA 强化萃取对后茬水稻产量无显著影响，但有减产风险；籽粒苋-GLDA 强化萃取修复增加了后茬水稻稻米、茎、叶 As 含量，但降低了 Cd、Pb 含量，其作用效果随 GLDA 用量的增加而增强；籽粒苋-GLDA 强化萃取修复降低了后茬水稻土壤有效态 Cd、Pb 含量，但对土壤有效态 As 含量无显著影响；籽粒苋-GLDA 强化萃取修复增加了后茬水稻土壤 pH、降低了 Eh，其作用效果随 GLDA 用量的增加而增强。

第5章 重金属污染农田生态修复水体净化技术

农田排水形成的退水再利用,是提高水资源利用率的重要途径,在国内外许多地区已有较广泛的应用实践(Letey et al.,2003;Willardson et al.,1997)。目前,对于农田排水的相关研究,较多集中于针对农田排水中N、P的净化研究,而对排水中重金属污染物浓度的关注相对较少。将土壤中的重金属转移至水体中彻底去除,是未来重金属污染和农田生态水利修复发展的新思路。营造湿地渠塘是农田生态水利修复的重要环节。该系统能否有效处理农田退水中的重金属的重要环节包括减污渠和生态渠塘。其中,减污渠可选择适合的吸附基质进行化学吸附,而生态渠塘需要栽种适宜当地的湿地植物进行生物富集减污来实现降低农田排水中重金属污染物的浓度。

本章主要对生态渠塘中适宜的湿地植物和减污渠中的吸附基质进行筛选,从而获得富集效果最好和吸附效果最佳的湿地植物和吸附基质,进而应用于生态渠塘和减污渠的小试实验装置中,确定实验装置的运行参数,为未来该技术的示范应用提供科学的理论依据。

5.1 生态渠塘系统重金属Cd净化基质的筛选研究

5.1.1 材料与方法

5.1.1.1 实验设计

筛选常用的湿地植物进行盆栽实验(包括基质栽培和水培两种形式),以农田排水中Cd的影响为例,筛选出适宜的湿地植物。

5.1.1.2 实验装置

基质栽培实验装置示意图如图5.1和图5.2所示。选取的挺水植物分别为千屈菜(QQC)、菖蒲(CP)、香蒲(XP)、芦苇(LW)、黄花鸢尾(YW)和再力花(ZLH)共6种植物,并设一组空白(CK)。栽培装置为有机玻璃材质,规格为直径30cm、高50cm的圆柱形,分别在25cm和底部设置排水口。栽培装置里面填充不同的栽培基质,下层为直径为10～15mm的砾石,厚13cm;中层为2～6mm的砾石,厚5cm;最上层为厚18cm的沙,沙子的孔隙率为36%,反应装置有效容量为9.3L。

水培实验装置示意图如图5.3和图5.4所示。选取的分别为睡莲(SL)、水葫芦(SHL)、萍蓬草(PPC)和大藻(DP)共4种植物,并设一组空白(CK)。水培装置为塑料材质,规格为长30cm、宽15cm、高20cm的长方形栽培装置,装置采用6mm厚的PVC塑料板焊接而成总体积为12L,水培溶液体积为9L。滤帽孔径为1.5mm,排水及球阀规格为直径15mm。在底部和10cm处设置排水口。购买上述植物,在清水中培养一段时间后,开展实验。其中,睡莲和水葫芦按照每盆3株栽种。

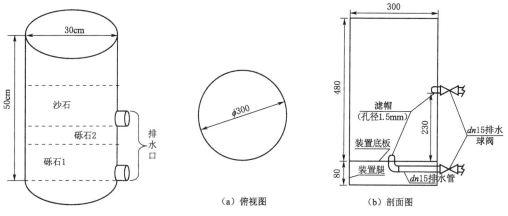

图 5.1 基质栽培实验装置示意图　　图 5.2 基质栽培实验装置俯视图和剖面图

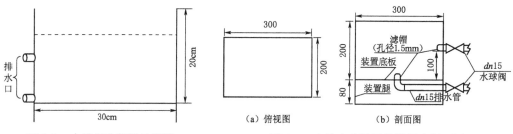

图 5.3 水培实验装置示意图　　图 5.4 水培实验装置俯视图和剖面图

5.1.1.3 植物选取

供试植物栽种后,首先在清水中培养至植物的高度约为 40cm 后开展实验。实验在温室中进行。供试植物资料如下。

1. 香蒲 (*Typha orientalis* Presl)

香蒲为多年生落叶、宿根性挺水型的单子叶植物,又名蒲草、蒲菜。因其穗状花序呈蜡烛状,故又称水烛。茎极短且不明显,走茎发达,不分歧或偶尔分歧,不呈肥大状,外皮殆为淡黄褐色,前端可以不断地分化出不定芽株。喜温暖、光照充足的环境,生于池塘、河滩、渠旁、潮湿多水处。香蒲是重要的水生经济植物之一,香蒲叶绿穗奇可用于点缀园林水池,亦可用于造纸原料、嫩芽蔬食等。此外,其花粉还可入药。

2. 芦苇 (*Phragmites australis*)

芦苇的植株高大,地下有发达的匍匐根状茎,多生于低湿地或浅水中。夏秋开花,圆锥花序,顶生,疏散,长 10～40cm,稍下垂,小穗含 4～7 朵花,雌雄同株,花序长为 15～25cm,小穗长约 1.4cm,为白绿色或褐色,花序最下方的小穗为雄,其余均雌雄同花,花期为 8—12 月。芦苇的果实为颖果,披针形,顶端有宿存花柱。

3. 菖蒲 (*Acorus calamus* L.)

菖蒲是多年生草本植物。根茎横走,稍扁,分枝,直径 5～10mm,外皮黄褐色,芳香,肉质根多数,长 5～6cm,具毛发状须根。叶基生,基部两侧膜质叶鞘宽 4～5mm,

向上渐狭,至叶长 1/3 处渐行消失、脱落。叶片剑状线形,长 90～100cm,中部宽 1～2cm,基部宽、对褶,中部以上渐狭,草质,绿色,光亮;中肋在两面均明显隆起,侧脉 3～5 对,平行,纤弱,大都伸延至叶尖。

4. 再力花 (*Thalia dealbata* Fraser)

再力花为竹芋科再力花属多年生挺水草本植物。叶卵状披针形,浅灰蓝色,边缘紫色,长 50cm,宽 25cm。复总状花序,花小,紫堇色。全株附有白粉。花柄可高达 2m 以上,细长的花茎可高达 3m,茎端开出紫色花朵,像系在钓竿上的鱼饵,形状非常特殊。

5. 黄花鸢尾 (*Iris wilsonii* C. H. Wright)

黄花鸢尾为多年生草本,植株基部有老叶残留的纤维。根状茎粗壮,斜伸;须根黄白色,少分枝,有皱缩的横纹。叶基生,灰绿色,宽条形,有 3～5 条不明显的纵脉。花茎中空,高 50～60cm,有 1～2 枚茎生叶;苞片 3 枚,草质,绿色,披针形,内包含有 2 朵花;花黄色,直径 6～7cm;外花被裂片倒卵形,具紫褐色的条纹及斑点,爪部狭楔形,内花被裂片倒披针形,花盛开时向外倾斜。蒴果椭圆状柱形,6 条肋明显,顶端无喙;种子棕褐色,扁平,半圆形。花期 5—6 月,果期 7—8 月。

6. 千屈菜 (*Herba lythri* Salicariae)

千屈菜为多年生草本植物,高 30～100cm,全体具柔毛,有时无毛。茎直立,多分枝,有四棱。叶对生或 3 片轮生,狭披针形,先端稍钝或短尖,基部圆或心形,有时稍抱茎。总状花序顶生,花两性,数朵簇生于叶状苞片腋内;花萼筒状具 12 条纵棱,裂片 6,三角形,附属体线形,长于花萼裂片;花瓣 6,紫红色,长椭圆形,基部楔形;雄蕊 12,6 长 6 短,子房无柄,2 室,花柱圆柱状,柱头头状。蒴果椭圆形,全包于萼内,成熟时 2 瓣裂,种子多数,细小。

7. 睡莲 (*Nymphaea tetragona* Georgi)

睡莲为多年生水生草本;根状茎肥厚。叶柄圆柱形,细长。叶椭圆形,浮生于水面,全缘,叶基心形,叶表面浓绿,背面暗紫。叶二型,浮水叶圆形或卵形,基部具弯缺,心形或箭形,常无出水叶;沉水叶薄膜质,脆弱。花单生,浮于或挺出水面;花萼四枚,绿色;花瓣通常 8 片。果实倒卵形,长约 3cm。花大形、美丽,浮在或高出水面,白天开花夜间闭合;萼片近离生;花瓣白色、蓝色、黄色或粉红色,成多轮,有时内轮渐变成雄蕊;药隔有或无附属物;心皮环状,贴生且半沉没在肉质杯状花托,且在下部与其部分愈合,上部延伸成花柱,柱头成凹入柱头盘,胚珠倒生,垂生在子房内壁。浆果海绵质,不规则开裂,在水面下成熟;种子坚硬,为胶质物包裹,有肉质杯状假种皮,胚小,有少量内胚乳及丰富外胚乳。

8. 水葫芦 [*Eichhornia crassipes* (Mart.) Solms]

水葫芦,又名凤眼莲,浮水草本。须根发达,棕黑色。茎极短,匍匐枝淡绿色。叶在基部丛生,莲座状排列;叶片圆形,表面深绿色;叶柄长短不等,内有许多多边形柱状细胞组成的气室,维管束散布其间,黄绿色至绿色;叶柄基部有鞘状黄绿色苞片;花葶多棱;穗状花序通常具 9～12 朵花;花瓣紫蓝色,花冠略两侧对称,四周淡紫红色,中间蓝色,在蓝色的中央有 1 黄色圆斑,花被片基部合生成筒;雄蕊贴生于花被筒上;花丝上有腺毛;花药蓝灰色;花粉粒黄色;子房长梨形;花柱长约 2cm;柱头上密生腺毛。蒴果卵形。花期7—10月,果期8—11月。

9. 萍蓬草 [*Nuphar pumilum* (Hoffm.) DC.]

萍蓬草为多年水生草本;根状茎直径2~3cm。叶纸质,宽卵形或卵形,少数椭圆形,长6~17cm,宽6~12cm,先端圆钝,基部具弯缺,心形,裂片远离,圆钝,上面光亮,无毛,下面密生柔毛,侧脉羽状,几次二歧分枝;叶柄长20~50cm,有柔毛。花直径3~4cm;花梗长40~50cm,有柔毛;萼片黄色,外面中央绿色,矩圆形或椭圆形,长1~2cm;花瓣窄楔形,长5~7mm,先端微凹;柱头盘常10浅裂,淡黄色或带红色。浆果卵形,长约3cm;种子矩圆形,长5mm,褐色。花期5—7月,果期7—9月。

10. 大藻 (*Pistia stratiotes*)

大藻,俗名水白菜、水莲花或是大叶莲,为天南星科大藻属的唯一物种。多年生浮水草本植物,雌雄同株,根须发达呈羽状,垂悬于水中。主茎短缩而叶簇生于其上呈莲座状,从叶腋间向四周分出匍匐茎,茎顶端发出新植株,有白色成束的须根。叶簇生,叶片倒卵状楔形,长2~8cm,顶端钝圆而呈微波状,两面都有白色细毛。花序生叶腋间,有短的总花梗,佛焰苞长约1.2cm,白色,背面生毛。果为浆果,内含种子10~15粒,椭圆形,黄褐色。花期6—7月。

5.1.1.4 盆栽实验

主要针对Cd浓度约为1.0mg/kg的土壤退水浓度,分别开展基质栽培实验和水培实验的模拟实验。所用水的重金属污染浓度分别设定为低浓度和高浓度的(0mg/L、1mg/L和5mg/L),基质栽培实验同时设有未种植物的对照组(CK)。于2015年9月15日加入不同浓度的Cd溶液,实验正式开始后,采取间歇式进水,基质栽培每次进水4L,时间间隔为5d;水培实验同样采取间歇式进水方式,每次进水4L,进水时间间隔为5d。镉溶液加入后,培养10d开始采样,实验每隔5d进行一次收集实验用水进行分析。主要监测指标包括典型重金属浓度。待最后一次进出水样观测结束时,将盆栽植物采收,将各类植物分为水上和水下两部分。用去自来水冲洗去除表面的附着物和灰尘,然后再用去离子水冲洗3遍,用吸水纸擦干后,放入烘箱105℃杀青,80℃烘干至恒重,用粉碎机粉碎过2mm筛,分析重金属Cd的含量。室外实验平台及盆栽实验现场如图5.5所示。

5.1.1.5 湿地植物中Cd浓度分析

植物样品的测定:准确称取0.2000g植物样品置于消解罐中,加入2mL 66%的HNO_3和1mL 30%的H_2O_2,静置3h,然后在160℃的消解炉中消解3h,然后定容至10mL待测。样品中金属离子的浓度仍然用ICP-MS进行测定。

5.1.1.6 数据处理

转运系数,是重金属元素在植物茎叶部分含量与根系部分含量的比值,反映植物体不同部分对重金属元素的吸收能力的差异。有关湿地植物转运系数估算分析,具体计算公式如下(李庆华,2014;潘义宏 等,2010):

$$TF = C_{up}/C_{down} \tag{5.1}$$

式中:TF为转运系数,地上部分Cd含量与地下部分该元素含量之比,用来评价植物将Cd从地下部分向地上部分的运输和富集能力。

图 5.5 盆栽实验平台及实验现场图片

5.1.2 结果与讨论

5.1.2.1 基质栽培对出水 Cd 浓度的影响

由图 5.6 所示,由于基质栽培实验中所用砾石和沙子的粒径不同,使出水水样的澄清度存在明显差异。基质栽培实验中,下层出水水样澄清,上层出水水样浑浊,颗粒物大量存在。

图 5.6 基质栽培出水水样不同层采样示意图

5.1.2.2 基质栽培湿地植物出水 Cd 浓度变化

1. 芦苇对出水 Cd 浓度的影响

由图 5.7 可知,随着处理时间的增加,基质栽培芦苇培养 10d 后,出水的 Cd 浓度均低于 $1.0\mu g/L$,之后显著降低,并与对照浓度相似。这说明当浓度达到 $5mg/kg$ 时,芦苇仍然能够很快降低水体中的 Cd。9 月 25 日的出水浓度差异显著，因此对比上层和下层出水的 Cd 浓度（图 5.8），结果表明两种处理浓度，下层出水的 Cd 浓度均明显低于上层出水 Cd 浓度。

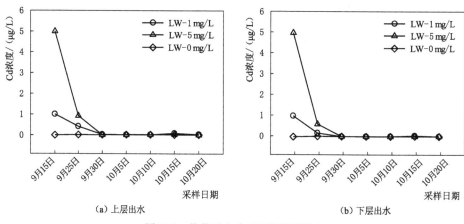

图 5.7 芦苇对出水 Cd 浓度的影响

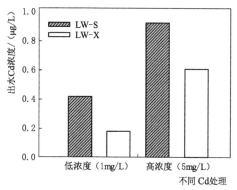

图 5.8 第一次采样不同 Cd 处理芦苇上层和下层出水的 Cd 浓度

2. 香蒲对出水 Cd 浓度的影响

图 5.9 为香蒲对出水 Cd 浓度的影响，实验结果表明 Cd 处理 10d 后，上层两种 Cd 处理的出水 Cd 浓度无明显差别，均高于未加入 Cd 处理组；而下层出水两种 Cd 浓度处理 10d 后，出水 Cd 浓度存在明显差异，且均高于未加入 Cd 处理组。另外，Cd 处理 10d 后，出水 Cd 浓度明显降低，基本与未加入 Cd 处理组浓度在同一水平上，这说明香蒲在 10d 之内，能够较为有效地降低水体中的 Cd 浓度。

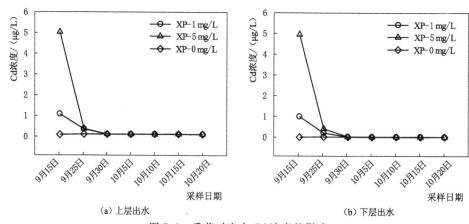

图 5.9 香蒲对出水 Cd 浓度的影响

5.1 生态渠塘系统重金属 Cd 净化基质的筛选研究

图 5.10 为第一次采样时（9 月 25 日），香蒲上层出水和下层出水的 Cd 浓度。由图可知，加入低浓度 Cd 处理香蒲时，下层出水浓度低于上层出水浓度，而在高浓度 Cd 处理时，结果相反，这可能归因于 Cd 可能更多的累积于植物根部，当水体中 Cd 浓度较高时，根系不能很快吸收和吸附 Cd，使更多的 Cd 向下迁移，使下层出水浓度高于上层。

3. 菖蒲对出水 Cd 浓度的影响

图 5.11 和图 5.12 为菖蒲对出水 Cd 浓度的影响，结果表明在 Cd 处理 10d 时采样，出水 Cd 浓度显著降低，且在之后的采样日出水

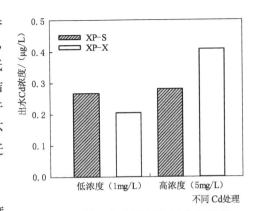

图 5.10 第一次采样不同 Cd 处理香蒲
上层和下层出水的 Cd 浓度

Cd 浓度基本与未加入 Cd 处理的出水 Cd 浓度相近，这说明菖蒲也能够很好地降低水体中的 Cd 浓度。另外，在第一次采样时出水 Cd 浓度与香蒲的趋势相似，低浓度 Cd 处理上层高于下层出水 Cd 浓度，高浓度 Cd 处理上层低于下层出水 Cd 浓度。

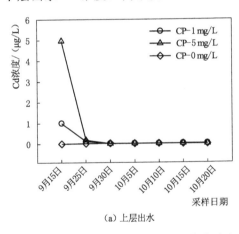

(a) 上层出水

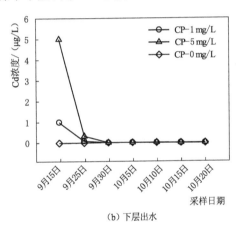

(b) 下层出水

图 5.11 菖蒲对出水 Cd 离子浓度的影响

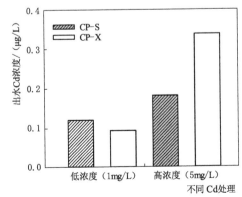

图 5.12 第一次采样不同 Cd 处理菖蒲
上层和下层出水的 Cd 浓度

4. 再力花对出水 Cd 浓度的影响

再力花对出水 Cd 浓度的影响如图 5.13 (a) 和图 5.13 (b) 所示。由图 5.13 (a) 和图 5.13 (b) 可知，不同浓度 Cd 处理 10d 后（9 月 25 日），出水 Cd 浓度均显著降低。9 月 25 日之后，出水 Cd 浓度急剧降低，接近未加 Cd 处理组。而在上层出水中[图 5.13(a)]，10 月 10 日测定出水 Cd 浓度回升，这可能是由于根系表面 Cd 的释放所致。对比 9 月 25 日采样结果可知，再力花上层出水 Cd 浓度高于下层出水

Cd 浓度，这与芦苇的结果相似。

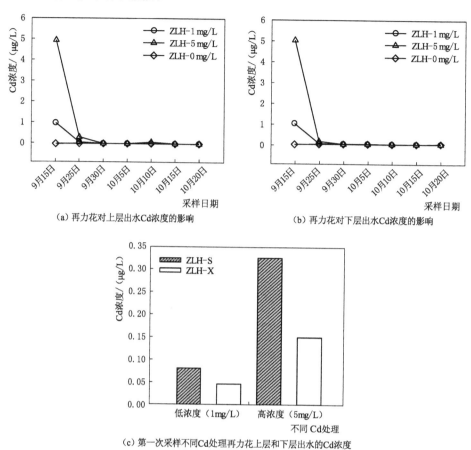

图 5.13　再力花对出水镉离子浓度的影响及第一次采样
不同 Cd 处理再力花上层和下层出水的 Cd 浓度

5. 黄花鸢尾对出水 Cd 浓度的影响

图 5.14 为黄花鸢尾对出水 Cd 浓度的影响结果，由图 5.14（a）和图 5.14（b）可知，不同浓度 Cd 处理黄花鸢尾 10d 时，低浓度处理组（上层和下层）与未加入 Cd 处理组的出水 Cd 浓度相近，而高浓度处理组则在之后 15d 之后才达到与未加入 Cd 处理组的出水 Cd 浓度相近。这说明黄花鸢尾对于低浓度 Cd 处理，能够达到快速降低水体 Cd 浓度的效果，而高浓度处理则会往后推迟效果。由图 5.14（c）可知，在 9 月 25 日监测的出水 Cd 浓度时，在低浓度处理组，上层出水和下层出水 Cd 浓度相差不大；而高浓度处理组，上层出水低于下层出水 Cd 浓度。

6. 千屈菜对出水 Cd 浓度的影响

千屈菜对出水 Cd 浓度的影响如图 5.15（a）和图 5.15（c）所示。不同浓度 Cd 处理 10d 时，上层出水 Cd 浓度两种不同 Cd 处理组无明显差异，下层出水则存在显著差异，反而是高浓度的处理组低于低浓度的处理组。随着处理天数的增加，两种浓度 Cd 处理组均与未加入 Cd 处理组的出水 Cd 浓度相近。这说明 10d 之内，千屈菜能使水体 Cd 浓度显著

5.1 生态渠塘系统重金属 Cd 净化基质的筛选研究

降低。有趣的是 9 月 25 日的采样监测结果中，低浓度处理组出水 Cd 浓度反而高于高浓度处理组。而且，低浓度处理组中，上层出水低于下层出水 Cd 浓度，高浓度处理组则呈现相反趋势 [图 5.15 (c)]。

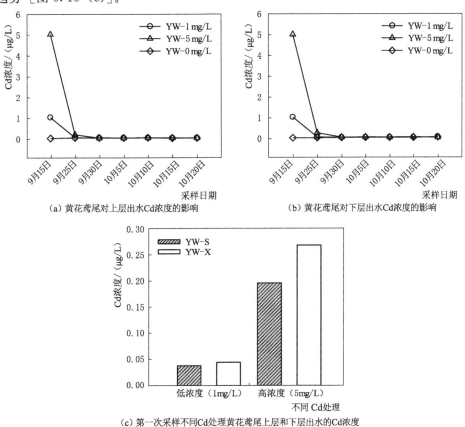

图 5.14 黄花鸢尾对出水 Cd 浓度的影响及第一次采样
不同 Cd 处理黄花鸢尾上层和下层出水的 Cd 浓度

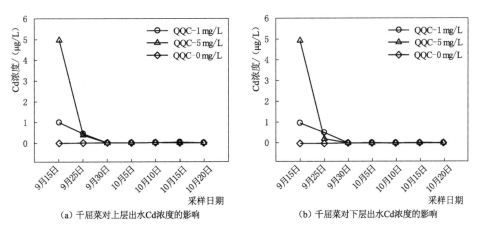

图 5.15 (一) 千屈菜对出水 Cd 浓度的影响及第一次采样
不同 Cd 处理千屈菜上层和下层出水的 Cd 浓度

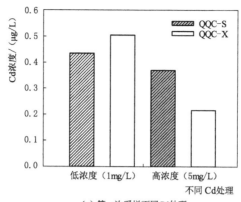

(c) 第一次采样不同 Cd 处理

图 5.15（二） 千屈菜对出水 Cd 浓度的影响及第一次采样
不同 Cd 处理千屈菜上层和下层出水的 Cd 浓度

6 种挺水植物在加入外源 Cd 处理后，10d 左右就能够让水体中 Cd 浓度显著降低，最终实现低浓度出水。对 6 种挺水植物出水 Cd 浓度的平均值进行排序，结果（图 5.16）如下：黄花鸢尾（YW）＜再力花（ZLJ）＜菖蒲（CP）＜香蒲（XP）＜千屈菜（QQC）＜芦苇（LW）。

5.1.2.3 水培湿地植物出水 Cd 浓度变化

1. 水培对出水 Cd 浓度的影响

由图 5.17 可知，水培植物采集出水上层比下层出水更为澄清。在人工湿地植物配置过程中，可以考虑将浮水植物栽植于生态塘的前端，农田排水中大量的悬浮颗粒物通过浮水植物后，沉淀于生态塘底部，减少悬浮颗粒物的含量。

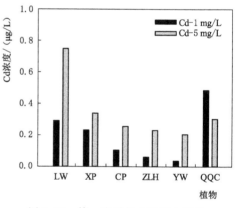

图 5.16 第一次采样 6 种挺水植物
对出水 Cd 浓度的影响

图 5.17 水培实验出水水样不同层样品示意图

5.1 生态渠塘系统重金属 Cd 净化基质的筛选研究

2. 睡莲对出水 Cd 浓度的影响

睡莲对于出水 Cd 的去除极为显著。通过图 5.18 的对比可知，睡莲的下层出水 Cd 浓度低于上层出水 Cd 浓度 [图 5.18（a）和图 5.18（b）]。此外，由图 5.18（a）可知，睡莲上层出水 Cd 浓度随着处理时间的增加而显著降低；而下层出水 Cd 浓度虽然随着处理时间的增加依然显著降低，然而在第二次采样时，略有增加，这一结果可能由于部分 Cd 被睡莲的栽培基质吸附，当取水采样时，瞬间压力对下层基质形成了人为扰动，从而使部分 Cd 解吸，从而增加了出水 Cd 浓度。这一现象在下层出水的各个采样时间段低浓度和高浓度均有相似趋势。然而，在上层出水中，Cd 浓度虽然显著降低，但是在采样后期，并没有呈现逐渐下降的趋势，这可能与睡莲吸收饱和程度有关。

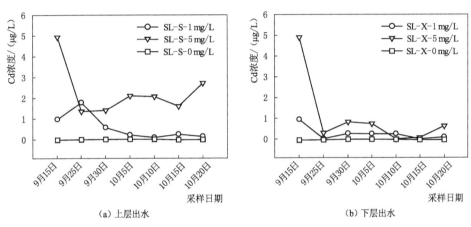

图 5.18 睡莲对出水 Cd 浓度的影响

3. 水葫芦对出水 Cd 的影响

水葫芦对出水 Cd 浓度的影响如图 5.19 所示。水葫芦对低浓度 Cd 处理组的吸收效果最佳，且随着处理时间的增加，变化不大。而对于高浓度处理组，其上层出水和下层出水的 Cd 浓度变化无明显差异，且趋势相似。

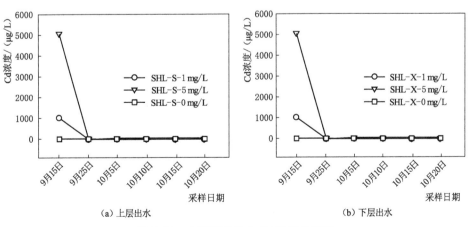

图 5.19 水葫芦对出水 Cd 浓度的影响

4. 萍蓬草对出水 Cd 浓度的影响

萍蓬草对出水 Cd 浓度的影响如图 5.20 所示。萍蓬草对低浓度 Cd 处理组的吸收效果最佳，且随着处理时间的增加，变化不大。除 9 月 30 日取样下层出水时，Cd 浓度显著增加；而对于高浓度处理组，其上层出水和下层出水的 Cd 浓度变化无明显差异。上层出水呈现先降低后增加又降低的趋势，而下层出水 Cd 浓度呈现缓慢增加后缓慢降低的趋势。

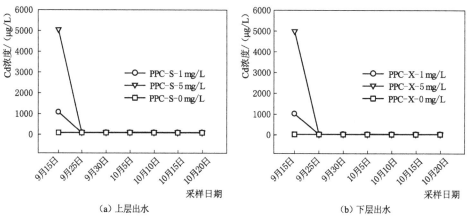

图 5.20 萍蓬草对出水 Cd 浓度的影响

5. 大藻对出水 Cd 浓度的影响

大藻对出水 Cd 浓度的影响如图 5.21 所示。上层出水和下层出水的 Cd 浓度，随着处理时间的增加而降低，其高浓度处理组的处理效果与低浓度处理组相似，这说明大藻对于 Cd 的吸收能力较强。

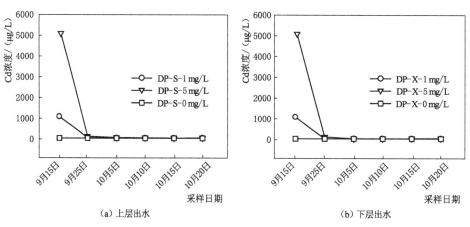

图 5.21 大藻对出水 Cd 浓度的影响

6. 不同浮水植物对水体中 Cd 浓度的影响

对比连续取样数据结果，对 9 月 25 日的结果进行比较可知（图 5.22），对 4 种浮水植物对出水 Cd 浓度进行排序，结果如下：睡莲（SL）＜萍蓬草（PPC）＜水葫芦

5.1 生态渠塘系统重金属 Cd 净化基质的筛选研究

（SHL）＜大藻（DP）。对比挺水植物出水的平均值发现，挺水植物比浮水植物的出水 Cd 浓度均低。然而，浮水植物对水体中 Cd 的长期处理，大藻处理效果较好，但是时间较长。在处理重金属农田退水的生态塘，不适宜栽种。

5.1.2.4 Cd 在浮水植物中的富集能力

由图 5.23 可知，在高浓度 Cd 处理组中，萍蓬草、水葫芦和大藻根中累积的 Cd 浓度高于水上部分，而睡莲的根中累积的 Cd 浓度低于水上部分。进一步分析浮水植物的转运系数可知（图 5.24），在高浓度 Cd 处理条件下，

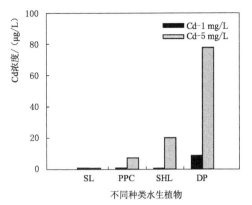

图 5.22 第一次采样 4 种浮水植物对出水 Cd 浓度的影响

睡莲的转运系数大于 1，萍蓬草的转运系数接近 1，这一结果表明睡莲和萍蓬草对 Cd 的转移和富集能力较强，且向上运移能力强，未来采收集处理时，能转移较多的水体中的 Cd；在低浓度处理组中，除了萍蓬草外，其他 3 种浮水植物的根中累积的 Cd 浓度高于水上部分的累积量。与图 5.23 结果相比较，植物体内累积浓度与出水 Cd 浓度并不存在相关性，这可能由于如睡莲、萍蓬草是生长在底泥之中，水下底泥可能对于 Cd 的吸附能力更强，所以植物体内并未吸收更多的 Cd。通过分析低浓度 Cd 处理组转运系数（图 5.24）可知，萍蓬草的转运系数大于 1，睡莲次之。因此，通过对浮水植物富集 Cd 的浓度和转运系数的分析可知，萍蓬草和睡莲对水体中的 Cd 有较好的去除效果，可在生态塘中大范围应用。此外，两种植物也适合在湖南的气候条件下进行栽植。

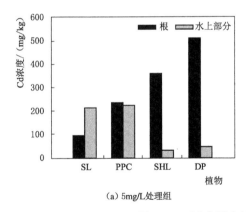

(a) 5mg/L 处理组

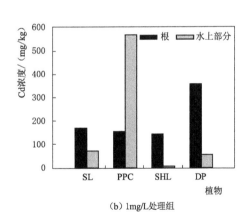

(b) 1mg/L 处理组

图 5.23 Cd 在浮水植物根和水上部分的累积

5.1.3 小结

通过盆栽实验的湿地植物筛选和植物体内累积 Cd 浓度的对比，得到如下结果：

（1）挺水植物出水水质上层浑浊下层澄清，浮水植物与其相反，这为生态渠塘的模拟实验复合种植提供了思路，最终实现出水水质澄清，减少水体中悬浮颗粒物的目的。

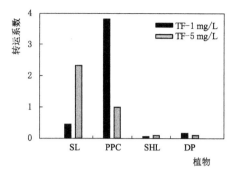

图 5.24 浮水植物转运系数

(2) 对盆栽植物出水 Cd 浓度进行动态监测，结果表明施入外源 Cd 浓度在 1mg/L 左右时，出水 Cd 浓度显著降低。其中，挺水植物出水 Cd 浓度低于浮水植物 Cd 浓度。

(3) 对于浮水植物而言，根中累积的 Cd 浓度较高，仅有萍蓬草和睡莲地上部分累积较多，转运系数大于 1。

(4) 根据出水 Cd 浓度将 10 种湿地植物进行排序：黄花鸢尾（YW）＜再力花（ZLJ）＜菖蒲（CP）＜香蒲（XP）＜千屈菜（QQC）＜芦苇（LW）＜睡莲（SL）＜萍蓬草（PPC）＜水葫芦（SHL）＜大藻（DP）。

(5) 在生态塘综合种植时，可根据湖南的气候条件、植物病虫害情况，选择菖蒲、香蒲、睡莲、萍蓬草进行综合种植。

5.2 生物减污渠中 Cd 吸附剂的筛选研究

5.2.1 材料与方法

5.2.1.1 实验试剂和溶液

本节所选用的化学试剂均为 AR 级的分析纯。实验整个过程所用的试剂均采用超纯水（DDW）配制（Milipore Corp.，Milford，MA）。重金属 Cd 溶液选用硝酸镉[$Cd(NO_3)_2 \cdot 4H_2O$]进行配制。实验的背景溶液为 0.01mol/L 的硝酸钠（$NaNO_3$）以保持反应体系的离子强度。配制重金属镉的储备液，浓度为 1000mg/L，再按照不同的浓度加入背景溶液，配制成不同浓度的吸附初始液。吸附初始液的 pH 用 0.1mol/L 的硝酸（HNO_3）和 0.1mol/L 的氢氧化钠（NaOH）调节，控制 pH 在 4.5 左右，以确保 $Cd(NO_3)_2$ 溶液在吸附过程中不产生沉淀，该 pH 通过预实验确定。

5.2.1.2 吸附剂

本节所选择的吸附基质为常用的硅藻土（GZ）、活性炭（AC）及新型重金属吸附剂——生物炭（BC）（上海时科公司）。其中，生物炭的原材料为竹。将 3 种吸附剂用玛瑙研钵研磨后，过 65 目筛备用。

5.2.1.3 吸附实验

在吸附实验开始之前，首先考察 pH 对相同浓度的 Cd 的影响，从而确定 Cd 形成沉淀的 pH 范围，以控制吸附实验中 Cd 初始溶液的 pH 及平衡溶液中 Cd 的形态。分别配制 2mg/L 和 50mg/L 的 Cd 溶液，然后用 0.1mol/L 的硝酸（HNO_3）和 0.1mol/L 的氢氧化钠（NaOH）调节溶液 pH 到拟定 pH 范围：1、2、4、6、8、10 和 11。然后待溶液 pH 稳定后，测定溶液中 Cd 浓度。

根据前期土壤和水体中 Cd 的总浓度，设定低、中、高三个初始浓度（C_0）分别为 0.032mg/L、0.355mg/L 和 1.836mg/L，根据不同吸附材料的含碳量（TOC 含量），设定不同的固液比进行吸附预实验。背景溶液为 0.01mol/L NaNO₃ 溶液以维持吸附实验中溶液的离子强度。吸附剂根据预实验结果分别称取 5～200mg 装入 50mL 的聚丙烯的塑料离心管中。将不同浓度的 Cd 溶液的初始溶液（C_0）分别加入装有吸附剂的离心管中，盖好盖子密封好。将样品置于 120rpm 的水平振荡器上平衡 24h，吸附实验温度控制在 (25±1)℃。样品平衡后，将其从振荡器上取下，竖直静置 24h 后，用离心机将样品离心，转速为 4500r/min，离心 20min。用塑料注射器抽取上清液，并将上清液过 0.45μm 的滤膜，过完膜的上清液用电感耦合等离子体质谱分析仪（ICP-MS；PE 公司，美国）测定溶液中各种离子的浓度，同时用 pH 计测定平衡溶液 pH（pHt_{24}）。

预实验结束后，根据筛选出的吸附基质进行等温吸附实验。等温吸附的 Cd 浓度为 50μg/L～100mg/L。不同吸附剂的 TOC 含量见表 5.1。

表 5.1　　　　　　　　　　不同吸附剂的 TOC 含量

吸 附 基 质	硅 藻 土	活 性 炭	生 物 炭
TOC 含量/%	0.67	55.00	51.40

吸附实验的示意图如图 5.25 所示。

图 5.25　吸附实验示意图

5.2.1.4　吸附实验的计算及模型选择

根据初始溶液浓度和平衡溶液浓度的结果，计算 Cd 的去除率，公式如下：

$$\text{Removal}(\%) = 100 \times \frac{C_0 - C_e}{C_0} \tag{5.2}$$

式中：C_0 为初始溶液浓度，mg/L；C_e 为平衡溶液浓度，mg/L。

生物炭的吸附量采用式（5.2）进行计算：

$$q_e = \frac{V(C_e - C_0)}{W} \tag{5.3}$$

式中：q_e 为吸附平衡时的吸附剂的吸附量，mg/kg；V 为溶液的体积，L；C_e 为平衡溶液的浓度，mg/L；C_0 为初始溶液的浓度，mg/L；W 为吸附剂的质量，kg。

分别选取 Langmiur 模型和 Langmiur 多阶模型对吸附数据进行拟合，公式如下：

$$q_e = \frac{Q_{\max} K_L C_e}{1 + K_L C_e} \tag{5.4}$$

$$q = q_{e,1} + q_{e,2} = \frac{Q_{\max,1} K_{L,1} C_e}{1 + K_{L,1} C_e} + \frac{Q_{\max,2} K_{L,2} C_e}{1 + K_{L,2} C_e} \tag{5.5}$$

式中：q_e 为溶液中 Cd 在吸附剂上的吸附量，mg/g；C_e 为溶液中 Cd 的浓度，mg/L；$Q_{\max}$

为吸附剂的最大吸附量，mg/g；K_L为吸附能力的参数，L/mg。

基于对Langmiur模型的进一步分析，平衡的无量纲参数（吸附强度）可以用式（5.6）表达：

$$R_L = \frac{1}{1+K_L C_0} \tag{5.6}$$

式中：K_L为Langmiur模型中的吸附能力参数，L/mg；C_0为溶液的初始浓度，mg/L。

R_L的4类值：①$0<R_L<1$，有利于吸附；②$R_L>1$，不利于吸附；③$R_L=1$，线性吸附；④$R_L=0$，不可逆吸附。

5.2.2 结果与分析

5.2.2.1 溶液pH对Cd浓度的影响

如图5.26所示为不同pH下，溶液中Cd的浓度。当溶液中Cd浓度一定时（2mg/L和50mg/L），调节溶液的pH后，溶液中Cd浓度在pH大于8时，极具降低并接近0，这说明当溶液pH大于8时，溶液中的Cd以$Cd(OH)_2$形态存在。

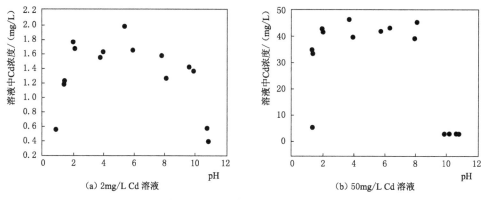

图5.26 不同pH下Cd浓度

5.2.2.2 吸附基质对Cd去除率的影响

1. 硅藻土（GZ）对Cd去除率的影响

由图5.27所示，硅藻土对水中Cd的去除率的范围为21.36%~63.85%。其中，初始浓度为0.032mg/L时，固液比为10:1的去除率达到63.85%，比固液比为5:1的处理高56.73%；初始浓度为0.335mg/L时，固液比为10:1的去除率达到50.75%，比固液比为5:1的处理高57.91%；初始浓度为1.836mg/L时，固液比为10:1的去除率仅为39.45%，比固液比为5:1的处理高43.98%。可见，随着初始浓度的增高，硅藻土对水中Cd的去除率降低。另外，固液比为5:1时，初始浓度为0.355mg/L和初始浓度为1.836mg/L的硅藻土对水溶液中的Cd的去除率无显著差异；固液比为10:1时，随着水中Cd初始浓度的增加，去除率显著降低，这说明Cd在浓度较低时，硅藻土固液比较低，易达到饱和吸附。基于该项目前期的实验结果，土壤背景值为1.04mg/kg及水体背景值为0.105mg/kg。因此，选择硅藻土的固液比为10:1的处理，进行下一步的等温吸附。

2. 活性炭（AC）对Cd去除率的影响

由图5.28所示，活性炭对水中Cd的去除率的范围为25.05%~91.41%，随着固液

5.2 生物减污渠中 Cd 吸附剂的筛选研究

比的增加，去除率显著增加，而随着初始浓度的增加，去除率逐渐降低。其中，固液比为 0.25∶1 时，各初始浓度的去除率无明显差异；初始浓度为 0.032mg/L 时，固液比为 5∶1 的处理的去除率比固液比为 2∶1 的处理高 17.15%；当初始浓度为 0.355mg/L 时，固液比为 5∶1 的处理的去除率比固液比为 2∶1 的处理高 69.64%；当初始浓度为 1.836mg/L 时，固液比为 5∶1 的去除率比固液比为 2∶1 的处理高 25.31%，这表明当水体中的 Cd 浓度在 0.3mg/L 时，高固液比能达到最大的去除效果，但成本会上升。而随着初始浓度的增高，吸附基质吸附效率降低。因此，在进一步的等温吸附实验中，选择固液比为 2∶1 的处理能够得到较好的拟合数据参数。

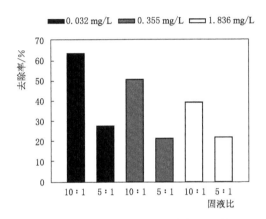

图 5.27 硅藻土对 Cd 去除率的影响

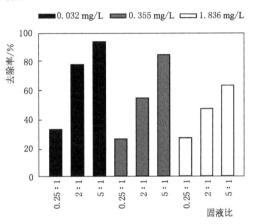

图 5.28 活性炭（AC）对 Cd 去除率的影响

3. 生物炭（BC）对 Cd 去除率的影响

由图 5.29 所示，生物炭对水中 Cd 的去除率的范围为 8.10%~97.46%。随着初始浓度的增加，固液比较低（0.25∶1）的处理达到饱和，在初始浓度为 1.836mg/L 时，其对水中镉离子的去除率仅为 8.10%。分别对比 3 种初始浓度中固液比为 2∶1 和 5∶1 的处理，低浓度和中间初始浓度的处理，其两种固液比处理对 Cd 的去除率无明显差异，均大于 90%，因此当水中浓度较低时，选择固液比为 2∶1 的处理，既能较好的吸附镉离子，同时还能够节约成本；而当水体中的

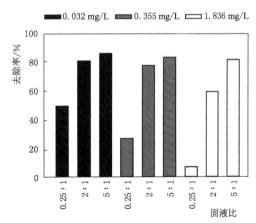

图 5.29 生物炭（BC）对 Cd 去除率的影响

浓度较高时（1.836mg/L）时，固液比为 5∶1 的处理比固液比为 2∶1 的处理去除率高 27.35%。因此，在进一步的等温吸附实验中，选择固液比为 2∶1 的处理能够较好地拟合数据参数。

4. 3 种吸附基质的筛选

根据 3 种吸附基质不同的固液比，对它们在 3 种初始浓度下对水中 Cd 的去除率进行对比。生物炭（BC）和活性炭（AC）两种吸附基质的固液比为 2∶1 时，它们对 Cd 的去

除率均高于硅藻土（GZ）的去除率，可见，硅藻土对 Cd 的吸附效果不是最佳，这是因为硅藻土在去除杂质时所发生的物理吸附过程是可逆的，从而影响了去除效果（侯燕，2010）。此外，生物炭的两种固液比处理的去除率均高于活性炭，说明 3 种吸附基质中，生物炭的吸附效果最好。因此，选择生物炭作为最优吸附基质，进行接下来 pH、吸附动力学、等温吸附等的实验，并进行参数优化。3 种吸附基质去除效率的对比见图 5.30。

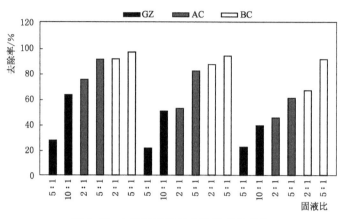

图 5.30 3 种吸附基质去除效率的对比

5. 吸附前后水体 pH 变化

图 5.31 为吸附平衡前后水体中 pH 的变化。初始 pH 调至 5.5，当吸附达到平衡时，pHt_{24} 均在 6.5 左右范围内波动，说明当吸附平衡后，水体 pH 能够满足生态渠塘内植物的生长要求，不会因酸性条件，使植物处于胁迫条件，影响其生长和对水体重金属污染物的富集。

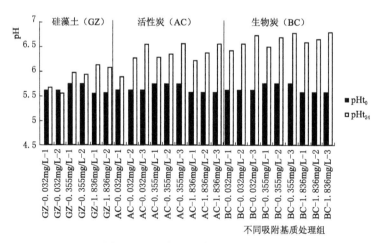

图 5.31 吸附平衡前后 pH 的变化

5.2.2.3　Cd 在生物炭上的吸附行为

如图 5.32 所示，该类吸附等温线的类型属于 L 型。Cd 在生物炭上的吸附量随着初始浓度的增加而不断增加。两种吸附模型的吸附等温线参数列于表 5.2。通过对 R_L 值进行计算可知,应用Langmiur模型进行计算(表5.3),R_L值均在0和1之间,这表明Cd与生物炭之间是向着有利于吸附的条件进行的。而应用Langmiur-Langmiur模型进行分析可知(表5.3),当固液比小于1时,Cd与生物炭之间并不利于吸附行为的进行。而分析Langmiur模型和Langmiur-Langmiur模型的R可知,生物炭对Cd的吸附数据更适合Langmiur-Langmiur模型,因为该模型的拟合参数R的数值更高(0.9964)。通过该模型可知,生物炭对Cd的吸附由两种不同的吸附基质共同决定,这一结果与前人的研究结果相似(Xu et al.,2014;李力 等,2012)。同时,通过吸附模型可知,生物炭对Cd的最大吸附量为8.24mg/kg。

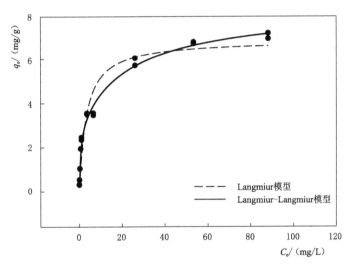

图5.32 Cd在生物炭上的吸附等温线

表5.2 Cd 的 Langmiur 和 Langmiur-Langmiur 的吸附等温线参数

吸附模型	$Q_{max,1}$	K_{L1}	$Q_{max,2}$	K_{L2}	Q_{max}	R^2
Langmiur	6.76	0.30	—	—	—	0.9766
Langmiur-Langmiur	3.02	1.65	5.22	0.04	8.24	0.9964

表5.3 不同吸附模型下的 R_L 值

样品	固液比	Langmiur 模型	Langmiur-Langmiur 模型
BC-01	0.2	0.99	1.89
BC-02	0.2	0.99	1.89
BC-03	0.2	0.98	1.82
BC-04	0.2	0.98	1.82
BC-05	0.3	0.95	1.63
BC-06	0.3	0.95	1.63
BC-07	0.3	0.90	1.44

续表

样品	固液比	Langmiur 模型	Langmiur-Langmiur 模型
BC-08	0.3	0.90	1.44
BC-09	0.3	0.85	1.32
BC-10	0.3	0.85	1.32
BC-11	0.7	0.63	1.02
BC-12	0.7	0.63	1.02
BC-13	1.1	0.48	0.87
BC-14	1.1	0.48	0.87
BC-15	2.2	0.19	0.51
BC-16	2.2	0.19	0.51
BC-17	3.3	0.10	0.33
BC-18	3.3	0.10	0.33
BC-19	4.4	0.07	0.23
BC-20	4.4	0.07	0.23

5.2.3 小结

本节分别选取硅藻土、活性炭和生物炭作为预选的吸附基质，通过对比水中 Cd 的去除率，筛选适宜的吸附基质，进行进一步的等温吸附实验。主要研究结论如下：

（1）硅藻土、活性炭和生物炭作为吸附基质，对水体中 Cd 均有一定的吸附作用。其去除率排序为：生物炭＞活性炭＞硅藻土。基于对3种吸附基质去除效率的对比结果，筛选出生物炭作为进一步实验的吸附基质进行研究。

（2）通过生物炭对3种不同初始浓度的 Cd 水溶液的去除率的研究发现，当固液比为 2:1 时，既能满足高效吸附，又能达到节约成本的目的。同时，该固液比比例，在中、高浓度下，对水溶液中 Cd 的去除效果均能达到 60% 以上，为进一步的等温吸附实验，提供了可靠的数据支撑。

（3）生物炭对 Cd 的吸附等温线类型属于 L 型，并随着 Cd 初始浓度的增加而增加。Langmiur-Langmiur 模型能够更好地拟合生物炭的吸附等温线，说明在该种生物炭上存在两种吸附机制。同时，当固液比大于1时更有利于生物炭对 Cd 的吸附，且最大吸附量为 8.24mg/kg。

5.3 净化装置研究

选取两种工农业废弃资源（油菜秸秆和赤泥），3种天然废置材料（沸石、石灰石和珍珠岩）及1种常用廉价净水材料（陶粒）作为水体 Cd 的吸附材料，并对赤泥进行造粒加工。赤泥粒粒径为 5~8mm，容重为 $1.293g/cm^3$，具有一定水稳性和 OH^- 缓释能力。赤泥粒制备：材料固体组分质量配比为赤泥（60目）100~120份、硅藻土 15~20 份，黏结剂为体积百分比浓度 30% 的水溶液，固体组分与黏结剂比例为 100g:20mL，混匀并充分熟化，将胚体放于阴暗处稳定 2h，110℃烘烤 3h，筛分备用。供试材料基本性质见表 5.4。

表 5.4 供试材料基本性质

材料	粒径/mm	容重/(g/cm³)	pH	EC/(μS/cm)	重金属背景值/(mg/kg)						
					Cr	Cu	Zn	Cd	Pb	As	Hg
赤泥粒	—	—	10.70	477.00	51.5	27.50	47.7	0.26	24.4	0.51	0.12
硅藻土	—	—	2.92	519.00	23.6	7.32	26.6	0.20	2.49	0.04	0.01
沸石	5～8	1.324	7.18	9.25	21.7	3.01	38.5	0.16	27.6	0.28	0.01
石灰石	5～8	1.293	7.37	48.90	18.5	4.67	51.6	0.29	9.94	0.07	0.06
珍珠岩	2～3	0.100	7.16	8.17	13.7	3.98	23.7	0.13	4.20	0.02	0.02
陶粒	5～8	0.466	6.18	44.00	16.6	2.93	38.1	0.19	3.00	0.12	0.01
油菜秸秆	—	0.081	6.41	402.00	14.7	18.80	22.7	0.67	0.86	0.03	0.04

注 表中油菜秸秆长度为 10cm，呈束状；pH、EC 测定以 10:1 水提取，其他材料水提取比例分别为 2.5:1 和 5:1；"—"表示无测定数据。

该实验分别采用平衡实验和动态修复实验进行。①平衡实验：6 种材料设计了 7 个 Cd 浓度梯度，其中石灰石、沸石 Cd 浓度梯度为 0mg/L、10mg/L、20mg/L、30mg/L、45mg/L、60mg/L、75mg/L，其他材料 Cd 浓度梯度为 0mg/L、1.5mg/L、3.0mg/L、4.5mg/L、7.5mg/L、12.0mg/L、18.0mg/L，2 个离子强度水平（正常 EC 为 0.79μS/cm，5 倍 EC 为 3.43μS/cm），正常离子强度模拟自然河水离子组分，控制模拟溶液 pH 均为 6.0，具体步骤为：分别称取等体积（15cm³）的 6 种材料于 100mL 离心管中，加入不同 Cd 浓度溶液 50mL，恒温低速（60rpm）振荡 48h，3000r/min 高速离心 25min，上清液过 0.45mm 滤膜，待测。Cd 平衡吸附曲线采用 Langmuir 等温曲线与 Freundlich 等温曲线进行拟合。②动态吸附实验：模拟溶液 Cd 浓度为 60μg/L，控制水流推进流量为 5.0L/min（同比换算至内径 40cm 过水量为 54m³/h），材料填充长度为 20cm，净化时长 3h，每 10min 收集并测定流出液 Cd 浓度，试验装置如图 5.33 所示。动态模拟用 BDST (bed depth service time) 模型推算净化材料对 Cd 的固持情况，吸附时间的计算公式为

$$t = \frac{N_0 z}{C_0 v} - \ln \frac{\frac{C_0}{C} - 1}{K_b C_0} \tag{5.7}$$

式中：C_0 为模拟溶液初始 Cd 浓度，mg/L；C 为出水 Cd 浓度，mg/L；K_b 为动态吸附速率常数，其值越小表示材料越容易固持 Cd，L/(mg·h)；N_0 为最大吸附容量，mg/L；z 为材料填充长度，cm；v 为流速，cm/h；t 为吸附时间，h。

一定时间内材料对 Cd 吸附量 Mad 可由穿透曲线与初始浓度的直线所围成的积分面积推算，其计算公式为

$$\text{Mad} = Q \int (C_0 - C) \, dt \tag{5.8}$$

式中：Q 为进水流量，L/h。运用特征参数 K_b、Q_v（$C=10\mu g/L$）和 Q_v（$t=3h$）比较材料 Cd 动态吸附能力，其中 Q_v（$t=3h$）表征净化时间 3h 内单方材料 Cd 吸附量；Q_v

($C=10\mu g/L$) 表征保证净化后 Cd 浓度不大于 $10\mu g/L$ 和净化效率不小于 83.3% 单方材料 Cd 最大吸附容量。

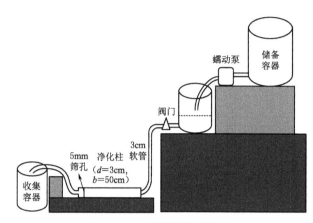

图 5.33 动态模拟实验装置

为研究定水头下单一材料不同填充密度对渗流速度的影响,在图 5.33 净化柱中均匀填充 3~10mm 不同粒级沸石 10cm,控制水头恒定 (空管流速 0.703m/s),测定不同填充密度通道有效孔隙度、流速及流量,用以推导装置进/出水口内径、壳体内径、材料层高度及材料粒径等工艺参数,制备净化装置实体。实验设 5 种材料组合,组合中单材料添加高度均为 10cm,每个组合设 5 个镉浓度梯度($0\mu g/L$、$10\mu g/L$、$20\mu g/L$、$40\mu g/L$、$60\mu g/L$),每个浓度使用 100mL 溶液连续重复 5 次,实验共计 25 个处理,实验中控制溶液每次于材料上方 10cm 处自由落下(水流推进速度≈1.4m/s),收集并测定滤液 Cd 浓度、pH 及 EC。

运用 Langmuir 特征参数比较不同材料对 Cd 平衡吸附能力,结果表明,常规水体不同材料对 Cd 吸附能力顺序为:赤泥＞石灰石＞沸石＞油菜秸秆＞陶粒和珍珠岩,见表 5.5。

表 5.5　　　供试材料 Langmuir 模型拟合效果及吸附特征参数

材料	常规水体 ($EC=0.69\mu S/cm$)			5 倍离子强度 ($EC=3.37\mu S/cm$)		
	R^2	$Q_v/(g/m^3)$	$K/(L/mg)$	R^2	$Q_v/(g/m^3)$	$K/(L/mg)$
赤泥粒	0.9282**	534.1	0.64	0.8559**	511.1	0.401
石灰石	0.9189**	459.4	7.815	0.9258**	336.5	1.914
沸石	0.9684**	441.3	1.364	0.9929**	398.1	0.567
油菜秸秆	0.8342*	403.6	22.796	0.7775*	349.7	24.63
陶粒	0.9767**	92.3	0.654	0.8899**	97.6	0.283
珍珠岩	0.9846**	27.89	0.37	0.8329**	46.93	0.052

注　表中 Q_v 表示每方材料的最大 Cd 吸附容量;K 为材料对 Cd 平衡吸附常数;* 和 ** 分别表示显著性水平为 5% 和 1%。

不同材料对 Cd 动态吸附能力研究表明,不同材料最大吸附容量 Q_v($C=10\mu g/L$)顺序为:赤泥粒($702.2g/cm^3$)＞石灰石($649.3g/cm^3$)＞沸石($545.9g/cm^3$)＞油菜秸秆($439.4g/cm^3$),见表 5.6。净化时间 3h 内,4 种材料对 Cd 吸动态吸附容量 Q_v($t=3h$)差异较小,分布区间为 $344.4\sim358.2g/cm^3$,净化后 Cd 浓度均低于农田灌溉水质标准 $10\mu g/L$。

5.3 净化装置研究

表 5.6　　　　　　　供试材料 BDST 模型拟合效果及吸附特征参数比较

材料	R^2	K_b/[L/(mg·h)]	$Q_v(C=10\mu g/L)/(g/m^3)$	$Q_v(t=3h)/(g/m^3)$
赤泥粒	0.9870**	3.41	702.2	354.0
石灰石	0.9562**	3.18	649.3	348.7
沸石	0.9841**	3.12	545.9	344.4
油菜秸秆	0.9564*	9.23	439.4	358.2

注　表中 $Q_v(t=3h)$ 表征净化时间 3h 内单一材料对 Cd 吸附容量；$Q_v(C=10\mu g/L)$ 表征净化效率为 83.3% 条件下单一材料 Cd 最大吸附容量；R^2 为 BDST 方程决定系数；* 和 ** 分别表示显著性水平为 5% 和 1%。

定水头流速实验表明，多空介质通道渗流速度 v（m/s）与有效孔隙度 Φ_e（%）成正相关，关系式为：$v=0.4927\ln\Phi_e-1.5674$（$R^2=0.9991$，$p<0.01$）。实验条件下 4～5mm 粒径沸石滤层测定流量为 3.35L/min，空管流量为 29.8L/min，为使多孔渗流通道过水量与空管流量一致，需扩大填充材料截面积，理想状态下净化装置壳体截面与进水口截面之比不小于 8.90。实际应用中，材料内部孔隙、材料滤层空隙结构及分布、材料填充高度等阻滞因子均会对渗流速度造成影响。根据材料粒径 ϕ（mm）、壳体与进水口内径比 A（cm/cm）及其与最大过水流量 Q（m³/h）间，过滤仓高度 H_2（cm）及净化装置 Cd 吸附容量 M（g）之间的数量关系，结合材料 Cd 平衡吸附容量 Q_v（表 5.7）、灌溉水 Cd 浓度（40μg/L）和灌水定额（250m³/亩）等参数，筛选符合田间水流推进流量 60m³/h 并有一定实际 Cd 净化能力（一次装填至少可以满足 2 亩农田及 500m³ 水净化需求）条件的装置工艺参数。确定净化装置主要工艺参数：进水口径 $d_{in}=10$cm、壳体与进水口内径比 $A=4.0$、过滤仓高度 $H_2=45$cm、材料粒径 5～8mm（油菜秸秆为长度 10cm 束状），装置具体结构如图 5.34 所示。

表 5.7　　　　　　　定水头下均质多孔介质通道有效孔隙度与渗流速度的关系

试　验　条　件	多孔渗流通道内径 $\phi=3$cm；空管流速 $v_0=0.703$m/s					
粒径 ϕ/mm	3～4	4～5	5～6	6～8	8～10	—
有效孔隙度/%	26.75	28.5	30.65	32.43	35.7	100
流速 v/(m/s)	0.064	0.079	0.118	0.137	0.195	0.703
流量 $Q_1(\phi 3\text{cm})$/(L/min)	2.70	3.35	5.00	5.80	8.27	29.80
流量 $Q_2(\phi 40\text{cm})$/(L/min)	28.8	35.73	53.33	61.87	88.21	317.9

5 种材料配比方式下对 Cd 净化率均大于 85%，净化后水中 Cd 浓度均小于 10μg/L，Cd 净化率表现为组合 1（90.6%～95.6%）>组合 4（86.3%～90.1%）≈组合 5（88.9%～90.0%）>组合 2（85.1%～87.7%）≈组合 3（86.6%～87.2%）。净化后水体 pH 提升幅度顺序为组合 2（3.58）>组合 1（3.22）>组合 3（1.01）>组合 4（0.57）>组合 5（0.22）；EC 值提升幅度表现为组合 4（3.83mS/cm）>组合 5（2.38mS/cm）>组合 2（1.95mS/cm）>组合 1（1.64mS/cm）>组合 3（0.05mS/cm）。详见表 5.8。

第5章 重金属污染农田生态修复水体净化技术

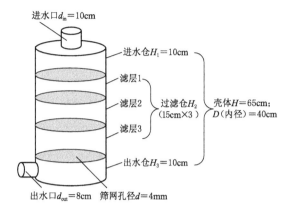

说明：壳体自进水口至出水口分为进水仓、过滤仓和出水仓，进/出水口分别设于进水仓和出水仓，过滤仓由3个过滤段组成，每一过滤段高度15cm，以4mm筛网为底，上端敞口，内部填充单一材料，利于材料组合。进水仓以筛网为底，避免因水流冲击导致材料移动。为进一步提高连接部的密封性能，于各过滤段和进/出水仓间设置密封圈或密封垫等，相邻部分内壁上具有环形承托台阶以对插入部分的端部进行承托，之间通过搭扣实现快速连接和拆卸。

图 5.34 Cd 污染灌溉水快速净化装置结构图

表 5.8 不同材料配比对不同 Cd 污染程度灌溉水净化效果对比

组合编号	材料配比	净化前 Cd 浓度 /(μg/L)	净化后 Cd 浓度 /(μg/L)	净化后 pH	净化后 EC /(mS/cm)
1	赤泥粒＋石灰石＋沸石	10	1.06±0.10	9.22±0.16b	2.433±0.038d
		20	1.51±0.13		
		40	1.63±0.11		
		60	2.71±0.16		
2	赤泥粒＋石灰石	10	1.56±0.22	9.58±0.16a	2.740±0.047c
		20	2.69±0.20		
		40	5.58±0.19		
		60	7.62±0.24		
3	石灰石＋沸石	10	1.52±0.12	7.01±0.02c	0.842±0.005e
		20	2.47±0.20		
		40	4.84±0.25		
		60	7.90±0.60		
4	赤泥粒＋石灰石＋油菜秸秆	10	1.47±0.13	6.57±0.10d	4.623±0.065b
		20	2.43±0.16		
		40	5.12±0.18		
		60	6.12±0.08		
5	石灰石＋沸石＋油菜秸秆	10	1.13±0.12	6.22±0.02e	3.168±0.074a
		20	2.03±0.19		
		40	4.03±0.12		
		60	6.83±0.39		

注 表中材料从左到右沿水流方向排列；背景溶液 pH、EC 值分别为 6.0 和 0.79mS/cm；"$X \pm Ya$" 中 X 表示平均数，Y 表示标准误差，不同小写英文字母表示组合间差异显著。

可见，所筛选的 4 种水体 Cd 快速净化材料均有不同程度的净化效果，材料 Cd 吸附容量分别为赤泥粒 534.1g/m³、石灰石 459.4g/m³、沸石 441.3g/m³ 及油菜秸秆 403.6g/m³。材料优选顺序为：赤泥粒＞石灰石＞沸石＞油菜秸秆。模拟灌溉时长 3h，灌水 Cd 浓度 60μg/L、水流推进速度 53.3m³/h，净化后水中 Cd 浓度均低于农用灌溉水质标准。5 种材料组合的水体净化率表现为组合 1（赤泥粒＋石灰石＋沸石）＞组合 4（赤泥粒＋石灰石＋油菜秸秆）≈组合 5（石灰石＋沸石＋油菜秸秆）＞组合 2（赤泥粒＋石灰石）≈组合 3（石灰石＋沸石）。净化装置材料配比方案：选择 1～3 种材料填充于 3 层材料滤仓，每层添加单材料 10cm。净化装置主要工艺参数：进水口径为 10cm，壳体内径为 40cm，壳体高度为 65cm，材料层高度为 45cm，材料最大承载体积为 56.5dm³，材料粒径为 5～8mm。材料一次装填可吸附 Cd 15.22～20.14g，满足 507.2～671.2m³ 水、2.0～2.7 亩单季稻田 Cd 净化需求（灌溉水 Cd 浓度和灌水定额分别以 40μg/L 和 250m³/亩计）。

5.4 生态渠塘小试装置的运行实验研究

生态渠塘是通过自身独特的结构发挥相应生态功能的一种生态系统。该系统能够通过截留泥沙减少水土流失并减缓水流速度，利用生物降解转化、植物吸收利用、土壤吸附等作用去除水体中的污染物。重金属作为农田土壤的主要污染物，在生态沟渠去除田间排水中 N、P 污染物研究的基础上，研究利用农田水利设施去除农田排水中的重金属十分有必要。本节将以湖南省长沙县北山镇 Cd 污染农田土壤为研究对象，营造农田水利修复小试装置，模拟农田排水进行农田生态水利修复，提出设计、运行参数，为进一步示范工程提供科学的理论依据。

5.4.1 湖南省耕地 Cd 污染现状

湖南省耕地 Cd 污染面积占耕地总面积的 25%，远超过全国 Cd 污染水平，但仍然以轻度污染为主。湖南省农业厅在全省监测的基础上，估算湖南省耕地 Cd 污染面积为 1420 万亩，占总稻田面积的 25%，其中长株潭地区为 532.9 万亩，占区域总耕地面积的 55.8%。可见，湖南省耕地 Cd 污染远较全国耕地 Cd 污染严重，长株潭地区又比全省污染要严重得多，高出 30 个百分点。

5.4.2 生态沟渠的设计

5.4.2.1 示范区样地背景调查

采集了湖南省长沙县北山镇（N28°26′38″，E113°03′50″）与长沙县春华镇的湖南省农业科学院重金属污染水稻实验田的土壤样品，将采集的土壤样品带回实验室风干，保存。图 5.35 为示范区农田现状图。

5.4.2.2 土壤和水体分析

在未来示范样地内按照四分法采集土壤样品，带回实验室，自然条件下风干，过 0.25mm 筛后混合均匀，备用。水体样品的采集在采集土壤样品时同时进行，带回实验室后，过膜加入硝酸，使水体保存于 1‰ HNO_3 中。同时，还进行了 pH、氧化还原单位、含水率、重金属含量等相关指标的分析测定（表 5.9）。

(a) 蓄水池　　　　　　　　　　　　(b) 排水沟

图 5.35　示范区农田现状图

表 5.9　　　　　　　　　　　土壤样品重金属分析结果

检测项目土样类型	1 号土	2 号土	3 号土	4 号土	5 号土	土壤环境质量标准（二级）
pH	6.10	5.82	5.45	5.20	5.60	
Eh	178	195	199	310	307	
含水率/%	2.71	2.55	2.51	6.69	3.57	
有机质/(g/kg)	34.2	24.2	31.4	17.4	23.7	
砂粒/%	54.8	64.8	56.8	50.1	30.6	
粉粒/%	41.8	32.2	39.9	42.6	65.5	
黏粒/%	3.4	3.0	3.3	7.3	3.9	
土壤质地	壤土	砂质壤土	砂质壤土	壤土	粉砂质壤土	
土壤 Cd/(mg/kg)	6.03	2.65	3.13	1.04	0.48	0.3
土壤 Pb/(mg/kg)	76.65	68.51	63.66	63.98	41.63	250
土壤 As/(mg/kg)	23.22	27.09	21.13	24.88	27.21	30
土壤 Cr/(mg/kg)	135.73	307.74	235.19	37.85	90.62	250
土壤 Cu/(mg/kg)	27.92	34.08	31.09	22.42	37.10	50
土壤 Ni/(mg/kg)	21.25	50.40	51.71	19.64	24.70	40

所有实验用水由 Milli-Q 高纯水发生器制得。HCl、HNO_3 和 HF 为微电子级（BV-Ⅲ级，北京化学试剂研究所）。实验过程中所用器皿均采用 20% HNO_3 浸泡过夜，并用高纯水冲洗干净后备用。

准确称取样品 40mg，置于容量为 10mL 的聚四氟乙烯消解罐中。然后加入 2mL HNO_3 和 0.2mL H_2O_2，超声 1h 后在电热盘上在 60℃保温 24h。蒸干样品，加入 2mL 6mol/L 的 HNO_3，超声 1h 后保温过夜，然后加入 2mL HF 放在电热盘上，再于 60℃保温 24h。蒸干样品，加入 1mL 6mol/L HNO_3 和 1mL HF 后，放入高压釜中在 190℃消解 48h。此消解程序可以保证沉积物样品完全消解并得到澄清的溶液。稀释后，加入内标，采用 Elan DRC-e 型 ICP-MS（美国 Perkin-Elmer 公司）测定样品中重金属元素的含量。在分析样品的同时，采用相同的分析程序分析了沉积物标准样品 GBW07312（GSD-10）

（中国地质科学院地球物理地球化学勘查研究所）重金属元素含量，测定值与标准值吻合，回收率为95%。

pH测定：pH测定参考Bird等（2011）的方法，称取2g生物炭样品置于塑料离心管中，按照1：10的质量比加入去离子水混合均匀，置于恒温振荡器中振荡24h后，测定溶液的pH。每个样品做两次平行，结果用平均值表示。

含水率：土壤含水率测定采用《土壤水分测定法》（GB 7172—87）。取小型铝盒在105℃恒温箱烘烤2h，移入干燥器内冷却至室温，称重，精确至0.001g，并将风干土壤样品搅拌均匀，取约5g，均匀平铺于铝盒中，盖好盒盖，称重，精确至0.001g。将铝盒盒盖揭开，置于盒底，放于已预热至105℃的烘箱中，6h后取出称重。

粒径分布：土壤粒径分析参考《土工试验方法标准》（GB/T 50123—1999）。参考国际制土壤质地分级标准：黏粒小于0.002mm，粉粒为0.002~0.02mm，砂粒为0.02~2mm。

氧化还原电位（Eh）：土壤氧化还原电位测定方法与土壤pH测定方法类似，具体可参考土壤pH测定方法。

有机质：土壤有机质测定采用TOC分析仪测定。

Cd形态分析参考欧盟Tessier修正法顺序提取方案，具体步骤如下。

水溶态：称取土壤样品2.000g于50mL聚乙烯离心管中，准确加入20mL蒸馏水（煮沸，冷却，用稀盐酸和稀NaOH调pH至7），盖上盖子摇匀。将样品置于200次/min的振荡器上振荡2h（温度保持在25℃）。待振荡完成后，将样品置于离心机上7000r/min离心20min。将上清液用0.45μm滤膜过滤待测。向残渣中加入约40mL蒸馏水后振荡均匀，置于离心机上7000r/min离心10min，弃去上清液，留下残渣，重复2次。

离子交换态：向残渣中加入20mL $MgCl_2$溶液，摇匀，盖上盖子。将样品置于200次/min的振荡器上振荡2h（温度保持在25℃）。待振荡完成后，将样品置于离心机上7000r/min离心20min。将上清液用0.45μm滤膜过滤待测。向残渣中加入约40mL蒸馏水后振荡均匀，置于离心机上7000r/min离心10min，弃去上清液，留下残渣，重复2次。

碳酸盐结合态：向第二步残渣中加入20mL醋酸钠溶液，摇匀，盖上盖子。将样品置于200次/min的振荡器上振荡5h（温度保持在25℃）。待振荡完成后，将样品置于离心机上7000r/min离心20min。将上清液用0.45μm滤膜过滤待测。向残渣中加入约40mL蒸馏水后振荡均匀，置于离心机上7000r/min离心10min，弃去上清液，留下残渣，重复2次。

腐殖酸结合态：向第三步残渣中加入40mL焦磷酸钠溶液，摇匀，盖上盖子。将样品置于200次/min的振荡器上振荡3h（温度保持在25℃）。待振荡完成后，将样品置于离心机上7000r/min离心20min。将上清液用0.45μm滤膜过滤待测。向残渣中加入约40mL蒸馏水后振荡均匀，置于离心机上7000r/min离心10min，弃去上清液，留下残渣，重复2次。

铁锰氧化态：向第四步残渣中加入40mL盐酸羟胺溶液，摇匀，盖上盖子。将样品置于200次/min的振荡器上振荡6h（温度保持在25℃）。待振荡完成后，将样品置于离心机上7000r/min离心20min。将上清液用0.45μm滤膜过滤待测。向残渣中加入约40mL

蒸馏水后振荡均匀，置于离心机上 7000r/min 离心，弃去上清液，留下残渣，重复 2 次。

强有机结合态：向第五步残渣中加入 2.4mL 0.02mol/L HNO_3、4mL H_2O_2，摇匀。于 83℃的恒温水浴锅中保温 1.5h（期间每隔 10min 搅动一次）。取下，补加 2.4mL H_2O_2，继续在水浴锅中保温 1h（期间每隔 10min 搅动一次）。取出冷却至室温后，加入醋酸铵-硝酸溶液 2mL，并将样品稀释至约 20mL，摇匀，于室温静置 10h 后，在离心机上 7000r/min 离心 20min。将上清液用 0.45μm 滤膜过滤，待测。向残渣中加入约 40mL 蒸馏水后搅拌均匀，在离心机上 7000r/min 离心 10min，弃去水相，留下残渣，重复 2 次。

残渣态（微波消解法）：准确称取通过 0.149mm 土壤筛的风干样品 0.1g（精确至 0.0001g）置于聚四氟乙烯的消解罐中，用 1～2 滴高纯水润湿样品，然后依次加入 6mL 硝酸、2mL 氢氟酸，静置后，拧紧消解罐盖子。将消解罐放入微波消解仪中，升温程序如下：温度 15min 从室温升至 190℃，功率为 1600W，保持 30min。重复消解一次。将消解液放入赶酸器中加热，温度设定为 130℃，将消解液蒸干。蒸干后用 1% HNO_3 润湿，再用 1%硝酸转移至 50mL 容量瓶中，然后定容至刻度。混匀消解液，取 25mL 转移至 50mL 塑料离心管中。在转速 3500r/min 下离心 10min，取上清液通过 0.22μm 滤膜，上 ICP-MS 测定。5 种 Cd 农田污染土的形态分析结果见表 5.10。

表 5.10　　　　　　　5 种 Cd 农田污染土的形态分析结果

形态提取类型	1 号土 含量/(mg/kg)	1 号土 比例/%	2 号土 含量/(mg/kg)	2 号土 比例/%	3 号土 含量/(mg/kg)	3 号土 比例/%	4 号土 含量/(mg/kg)	4 号土 比例/%	5 号土 含量/(mg/kg)	5 号土 比例/%
水溶态	0.0054	0.10	0.0059	0.25	0.0140	0.52	0.0140	1.17	0.0020	0.34
可交换态	0.51	9.68	0.40	16.67	0.64	23.70	0.36	30.00	0.06	11.05
碳酸盐结合态	1.63	30.93	0.56	23.33	0.7	25.93	0.59	49.17	0.34	58.78
腐殖酸结合态	0.74	14.04	0.15	6.25	0.18	6.67	0.04	3.42	0.01	1.48
铁锰氧化结合态	2.03	38.52	1.01	42.08	0.89	32.96	0.02	1.67	0	0.00
强有机结合态	0.09	1.71	0.05	2.13	0.06	2.11	0.02	1.50	0.01	1.38
残渣态	0.27	5.11	0.23	9.38	0.22	8.10	0.16	13.43	0.16	27.79
土壤总 Cd 浓度	6.05		2.65		3.12		1.04		0.48	

5.4.2.3　生态渠塘模拟装置设计

由于生态渠塘多应用于去除农田排水中的 N、P 及有机污染物，而对于重金属去除的报道较少。为了减少对生态塘中湿地植物重金属的毒害作用，在前期考虑将污水处理装置应用于生态减污渠中，将前期筛选出的生态友好的吸附基质应用于其中，配合曝气等水处理装置，有效去除农田排水中的重金属，然后将处理后的水排入生态塘，进行生态净化，从而获得符合农田灌溉水水质标准的再循环用水或者出水（不会对水体造成二次污染）。

5.4 生态渠塘小试装置的运行实验研究

基于这一思路（图5.36）设计加工不同箱体，模拟各级处理方式。

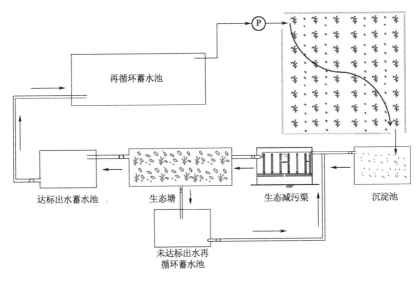

图 5.36 多级生态渠塘构建概念图

多级生态渠塘小试装置的设计。图5.37为设计的多级生态渠塘的实验装置工艺流程图。根据室外场地情况，设计了1号水箱（图5.38），可视为未来示范的沉淀池或者pH调节池等具有蓄水功能的池塘。装置采用8mm厚PVC塑料管材加工而成，外形尺寸长宽高均为800mm，放置于距离地面1000mm高的支架平台上（主要与后面几级箱体形成高差）。该箱体内由水泵直接抽水，按照模拟所需重金属浓度，加入2号箱处理。该箱体周围配有流量计、配电箱、计量泵等装置，以方便控制整个模拟装置的曝气、再循环、流量等参数。

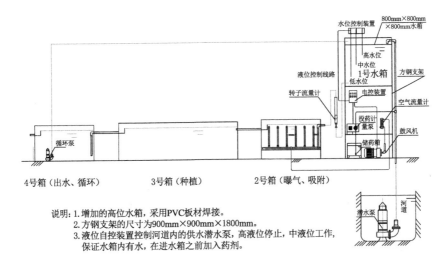

图 5.37 多级生态渠塘的实验装置工艺流程图

第5章 重金属污染农田生态修复水体净化技术

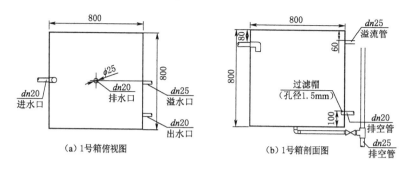

说明：1. 装置采用8mm厚的PVC塑料管材加工而成，外形尺寸为：800mm×800mm×800mm（长×宽×高）（放置在1000mm高的支架平台上）。
2. 进水管为$dn20$ u-PVC工程塑料管，由潜水泵从河道内抽水，在管道上定比投加重金属混合液后进入1号箱。
3. 溢水管为口径$dn25$，和排空管串在一起接入排水沟，出水管径为$dn25$，管道上安装Y形过滤器，对杂物进行过滤保证出水均匀顺畅洁净。
4. 箱体放置于900mm×900mm×1800mm的平台上，平台架子上安装流量计、配电箱、计量泵等。

图 5.38 1号箱结构图

图 5.39 为 2 号箱体结构图。2 号水箱为生态减污渠，主要是将具有较强吸附性能的吸附基质或者微生物应用于其中，内置塑料分层网格，用于悬挂吸附剂或者微生物载体（图 5.40）。此外，2 号箱内设有曝气装置以提升吸附性能。待模拟的田间退水进入 2 号箱反应吸附一段时间后，可通过进水稀释，将处理的水排入 3 号箱体。2 号箱体内的水通过上层溢水堰，缓慢流入 3 号箱体。

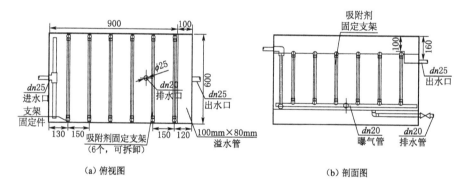

说明：1. 2号装置采用8mm厚的PVC塑料管材加工而成，外形尺寸为：1000mm×600mm×650mm（含150mm的腿）（长×宽×高）。
2. 进水管为$dn20$ u-PVC工程塑料管，布水管间隔20mm均布直径6mm的孔。
3. 出水溢水槽为100mm×80mm，设锯齿形堰板，出水管径为$dn25$，保证出水均匀顺畅。
4. 箱体总高为650mm（含150mm腿），放置于方钢平台上。

图 5.39 2号箱体结构图

2 号箱体采用 8mm 厚的 PVC 塑料管材料加工而成，外形长、宽、高分别为 1000mm、600mm、650mm；进水管为 $dn20$ u-PVC 工程塑料管，布水管间隔 20mm 均匀布置直径 6mm 的孔。出水溢水槽为 100mm×80mm，锯齿状堰板，出水管径为 $dn25$，以保证出水均匀顺畅。

图 5.41 为 3 号箱体俯视图。3 号箱体为模拟的生态塘，下层铺设不同粒径的砾石，上层用沙土固定拟种植的植物（在整个生态渠塘净化技术实验过程中，栽种的植物分别为

5.4 生态渠塘小试装置的运行实验研究

睡莲、萍蓬草、香蒲和菖蒲)。2号箱和3号箱分别在上层出水口设有溢水堰,使排水缓慢均匀流出。根据设计参数,待处理一段时间后,可将达标出水排入4号箱(未来模拟的蓄水池)。如果植物已经到了饱和吸附量,首先应考虑更换植物,或者更换吸附剂,并将4号箱蓄水池内的水,通过水泵,重新回灌与2号箱体,进行二次循环去除水体中的重金属。多级生态渠塘加工和运行过程如图5.42所示。

图 5.40 2号箱内分层网格

说明:1.装置采用8mm厚的PVC塑料管材加工而成。外形尺寸为:2000mm×600mm×6200mm(长×宽×高),外面用方钢加固,腿高120mm。
2.进水管为$dn20$ u-PVC工程塑料管,排空管为$dn20$塑料管。
3.出水溢水槽为100mm×80mm,设锯齿形堰板,出水管径为$dn25$,保证出水均匀顺畅。

图 5.41 3号箱体俯视图

(a) 加工

(b) 运行

图 5.42 多级生态渠塘加工和运行过程图

3号箱体采用8mm厚PVC塑料管材加工而成，外形长、宽、高分别为2000mm、600mm、6200mm。进水管为$dn20$ u-PVC工程塑料管，排水管为$dn20$ 塑料管。出水溢水槽为100mm×80mm，设有锯齿形的堰板，出水管直接为$dn25$，以保证出水均匀流畅。

多级生态渠塘的设计加工均采用PVC材质，整个体系内无金属材料，以防止外源污染影响处理结果。在运行期内，可根据水力停留时间对进水流速和流量进行手动控制，曝气采用间歇式自动循环曝气的方式，在达到处理效果的同时，节约能源。

5.4.3 结果与分析

5.4.3.1 湖南示范场地的选择依据

从湖南示范场地采集的5种土壤重金属Cd形态分析结果见表5.10。5种Cd污染土样各形态总和约在总Cd含量的80%～120%范围内，符合形态分析要求。在5种Cd污染土壤中，Cd的赋存形态多数集中在可交换态、碳酸盐结合态和铁锰氧化物结合态，而残渣态所占比例均低于15%。灌溉水Cd超标是引起湖南生稻田土壤Cd污染的首要原因。灌溉水引起的稻田Cd污染特征主要是土壤总Cd含量超标程度较低，以中轻度污染为主，一般为0.3～1.0mg/kg。因此，选择4号土（Cd含量为1.04mg/kg）模拟田间农田退水的重金属Cd的浓度，根据土壤的不同形态及最大的提取效率配制模拟的初始溶液的Cd浓度，开展模拟小试实验研究。

5.4.3.2 不同初始浓度的模拟运行监测

多级生态渠塘构建完成后，在夏季进行了模拟农田退水的运行实验。初始浓度为0.532mg/L（接近示范区土壤总Cd浓度）。进水在2号箱进行处理后，6h内，箱内水体中Cd浓度显著降低，在6～10h，水体中Cd浓度降低不显著（对水体中Cd的去除率为48.3%～49.4%）。此现象的原因，是由于为了节省能源，采用间歇式曝气方式，在夜间停止2号箱内曝气装置，水体中Cd降低效率曲线趋于平缓。因此，为了提升处理效率，建议进行24h无间断曝气，以加快水体中重金属的去除。通过图5.43可知，当恢复曝气后，生态减污渠装置（2号箱）水体中的Cd浓度开始降低。2号箱在运行27h左右，其效率曲线明显降低，这可能是由于生物炭达到了饱和吸附量所致。在装置运行27h时，进行采样监测，水体中Cd浓度降至0.199mg/L，去除了水体当中62.6%的Cd。各个时间段的取样分析装置中Cd的去除率见表5.11。

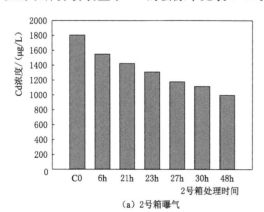
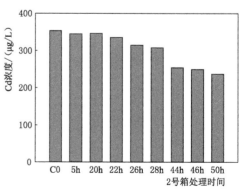

(a) 2号箱曝气　　　　　　　　　　(b) 2号箱曝气停止后第二天继续曝气

图5.43（一）　夏季运行期多级生态渠塘出水Cd浓度变化

5.4 生态渠塘小试装置的运行实验研究

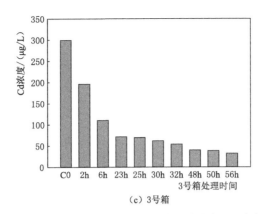

(c) 3号箱

图 5.43（二） 夏季运行期多级生态渠塘出水 Cd 浓度变化

表 5.11　　　　2 号箱随运行时间的变化水体中 Cd 的去除率

2 号箱处理时间/h	1	2	4	6	8	10	21	27	35	48
去除率/%	20.1	37.4	45.7	49.4	48.3	49.1	52.8	62.6	61.7	65.5

通过前期的筛选实验，虽然湿地超累积植物能够在较高 Cd 浓度下适应生长，为了缓解对植物的直接毒害，采用进水稀释 2 号箱内 Cd 浓度的方式，将其排入 3 号箱内，因此，3 号箱水体 Cd 初始浓度为 0.046μg/L。由图 5.43 (c) 可知，3 号箱对进水处理 6h 时，水体中 Cd 的浓度就降低至 0.01mg/L。根据《农田灌溉水质标准》（GB 5084—2005）可知，用于农田灌溉用水的 Cd 浓度控制在不大于 0.01mg/L 的范围。因此可知，3 号箱（模拟生态塘）水力停留时间为 6h，即可获得符合农田灌溉水水质标准的达标出水，达到了 78.0% 的去除率（表 5.12）。随着时间的推移，其去除效果更强。

表 5.12　　　　3 号箱随运行时间的变化水体中 Cd 的去除率

3 号箱处理时间/h	4	6	8	10	25	28	32
去除率/%	54.5	78.0	81.5	85.0	94.1	98.1	98.2

为了考察商用生物炭在连续运行时，对较高浓度的 Cd 的处理效果，吸附基质未做更换，再次运行多级生态渠塘模拟装置。

在高浓度的实验中，选择的实际 Cd 的初始浓度为 1.80mg/L，是实验用地土壤中 Cd 浓度的 1.73 倍。由图 5.44 可知，曝气运行生态减污渠（2 号箱）进行模拟处理 48h 内，水体中的 Cd 浓度明显降低至 0.996mg/L，去除率达到了 44.8%。当对 2 号箱进行稀释后，初始浓度降低至 0.353mg/L，然而，经过 50h 的吸附处理后随时间增加，水体中的 Cd 浓度并不显著降低，说明生物炭可能已经处于吸附饱和状态。在 2 号箱放水后，是否连续曝气，生物炭对水体中 Cd 的吸附有直接影响。

当 2 号箱稀释排水后，排水进入 3 号箱（生态塘）进行生物吸附处理时，其水体中 Cd 的初始浓度为 0.299mg/L（图 5.45）。3 号箱在处理的前 23h 内，箱内水体中 Cd 浓度显著降低至 0.071mg/L，其对 Cd 的去除率达到了 76.1%。在处理 6h 时，3 号箱内植物对 Cd 的去除效率为 63.2%，浓度降至 0.110mg/L，虽然没有低浓度时水力停留时间为

6h时，即可获得符合农田灌溉用水的达标出水，然而，继续延长水力停留时间，处理效率仍在增加。这一结果表明，湿地超累积植物对水体中Cd有较强的吸附能力。此外，在高浓度运行时，湿地植物对重金属的累积作用是一个长期的过程，适当的增加水力停留时间，能够保证获得达标出水。

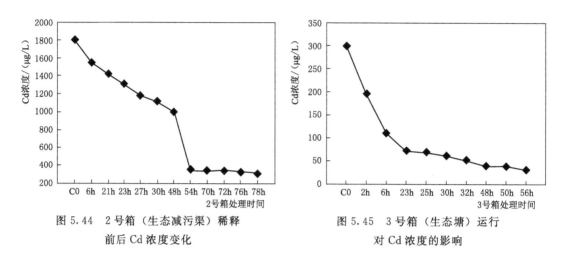

图5.44　2号箱（生态减污渠）稀释前后Cd浓度变化　　图5.45　3号箱（生态塘）运行对Cd浓度的影响

整个室外模拟装置的日处理量可达到270L/d，在进行室外模拟的30d内未进行植物更换，且植物长势并未受到太大影响。

5.4.3.3　植物栽植密度

在生态塘中，主要采用浮水植物和挺水植物混合栽植，以达到景观和影响排水中悬浮颗粒物减少的目的。根据园林预算的苗木定额及所采购和种植的湿地植物的规格对栽植密度等进行计算。3号箱俯视图（图5.41），用于计算湿地超累积植物的栽植密度。3号箱栽植面积约为1.2m²，共栽植了规格为15cm×13cm的10盆黄花鸢尾、10盆菖蒲以及10盆香蒲，分两侧种植；21cm×21cm的5盆睡莲及28cm×28cm的5盆萍蓬草。根据园林栽种经验，黄花鸢尾、菖蒲、香蒲按照25株/m²，睡莲和萍蓬草按照6株/m²。

栽植方式：根据盆栽实验的结果（5.1节），2号箱排水先经过一段浮水植物，即睡莲，使上层流水变澄清之后，进入挺水植物栽植区。之后再进入浮水植物栽植区后进入挺水植物栽植区，排出。这样能较好地使出水的悬浮颗粒物减少，且水流平稳。

5.4.4　小结

通过多级生态渠塘净化体系的构建及运行，获得如下结论：

（1）构建了多级生态渠塘净化体系。其中2号箱（模拟生态减污渠）按照生物炭固液比2:1、曝气量2.5m³/h设计运行，能够在48h内去除水体中65%的Cd，剩余部分逐渐排入3号箱（模拟生态渠塘），在生态渠塘中的水力停留为6h时，即可获得符合《农田灌溉水质标准》（GB 5084—2005）的达标出水，Cd去除率达到78.0%。

（2）整套装置采取间歇式进水和间歇式曝气的方式以节省能源消耗（进水流量为600L/h，曝气量为2.5m³/h），并达到较好的处理效果。其中，间歇式进水主要是指吸附过程中停止进水，使模拟的田间退水在生态减污渠中较充分的反应；间歇式曝气的方式，主要为在夜间停止曝气,方便野外管理,曝气时间可根据野外示范的具体情况做相应调整。

(3) 在预处理单元,可根据来水的质量情况,进行沉淀池、pH 调节池的增减,从而提高处理效果。

5.5 重金属污染农田生态水利综合修复技术集成与示范

基于 2015—2016 年相关的研究成果,并结合电动退水和淋洗技术的田间出水水量和湖南省长沙市长沙县北山镇示范场地现场的情况,参与重金属污染农田生态水利综合修复技术集成与示范。通过前期的参数对接,根据退水水量和示范场地现状情况,设计加工日处理量更大的生态渠塘的净化装置,并进行进水水量、推流速度及曝气量和停留时间等参数的调整。基于应用示范期间的出水重金属(以 Cd 为例)的浓度与相关标准进行对比分析,对田间退水重金属的生态渠塘净化效果进行评价,总结经验,为进一步推广应用进行技术准备。

5.5.1 示范区生态渠塘净化装置设计

生态渠塘净化技术为集成和示范的末端处理技术,考虑到前端退水的水量和整体示范的需求,将小试的模拟装置进行模块化改进,同时增加了预处理单元,以缓解淋洗退水 pH 过高、悬浮颗粒物过多等问题对正式处理单元处理效果的影响。因此,在现有组成装置部件的基础上进行了重新设计和加工,并于示范场地现场组装调试,形成易于拆卸和搬运的田间处理装置,省去开沟建渠等工程措施的繁杂和经济耗费,达到同样的预期生态修复效果。

5.5.2 处理平台搭建

因该生态渠塘净化装置为整个示范的末端处理装置,根据示范场地的规划,用空心水泥板搭建末端处理平台(图 5.46 和图 5.47),占用一定面积的水稻田,待退水处理完成后,重新翻耕栽种水稻。

5.5.3 田间退水生态渠塘净化流程及处理效果评价

5.5.3.1 田间退水生态渠塘净化流程

根据前期预估退水水量为 $4m^3$,因此将各个处理单元的处理体积增加,并增加了预处理单元,主要包括 3 个沉淀池和 1 个 pH 调节池。预处理单元的加入,能够对后续多级生态渠塘的保护(在淋洗液退水进入系统后)该套装置采用模块化模式,可以根据需求各自搭配顺序。同时,在生物减污渠这一处理单元,除定期更换生物炭吸附材料外,还加入了能够富集重金属 Cd 的微生物菌株共同吸附重金属等污染物质,以提高处理效率。退水生态渠塘净化装置的工艺流程如图 5.48 所示。

在整个净化系统的前端,预设了电动退水集水桶(广口带盖)塑料大桶,测定 pH,如果接近弱酸或者中性时,排入预处理单元(A)与远水泵进来的灌溉水混合稀释后,进入 pH 调节池,进一步调节 pH,整个过程采用推流方式进行,水面平稳。在 pH 调节池

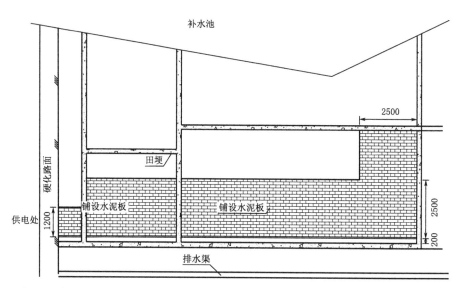

说明：1. 采用水泥砖或者水泥板铺设，台面尽量保持平整，按照图纸尺寸铺设完毕后预留15块左右的水泥板，安装设备时备用。
2. 尺寸只标注铺设平台的宽度，长度以田埂为准，宽度可根据铺设的水泥板规格做适当调整±200mm左右。
3. 需要放置的箱体占地尺寸：2m×1m（3台），3m×1m（1台），1.5m×1m（4台）。

图 5.46　处理平台搭建平面图（单位：mm）

图 5.47　处理平台现场图

的中间部位有探针，待水位达到阈值后，采用虹吸式吸入方式，进入初沉池（B）进一步沉淀（图 5.49）。底部设有倾斜坡和固体废弃物排污口，方便固体废弃物统一排出（图 5.50）。上部水达到溢水堰后，通过重力作用，经过管路推流至生物减污渠（C）。生物减污渠（C）的工作方式没有改动，曝气量为 $2.5m^3/h$。生物炭挂架（图 5.51）挂有 16 个分层球供生物炭包装入。培养出的微生物菌株也置于该装置中，采用的体积比例为 1∶500（菌株体积∶箱体水体积），生物炭的固液比依然为 2∶1；水流到生物减污渠的溢水槽后，采用推流方式进入生态沟渠（D）。生态沟渠中按照挺水植物-浮叶植物-挺水植物混合栽种了香蒲、菖蒲、睡莲、萍蓬草、再力花 5 种当地常见湿地植物，栽种密度按照 2016 年的种植方式进行；排水达到生态沟渠的溢水堰后，推流至循环蓄水池（E）中，经过分析测定后，重金属和 pH 指标达到《农田灌溉水质标准》（GB 5084—2021）后，可直排进入排水沟或者用于灌溉，如果不能达标，则需要启动循环水泵，将箱体内的水循环进入沉淀池进行二次处理。

5.5 重金属污染农田生态水利综合修复技术集成与示范

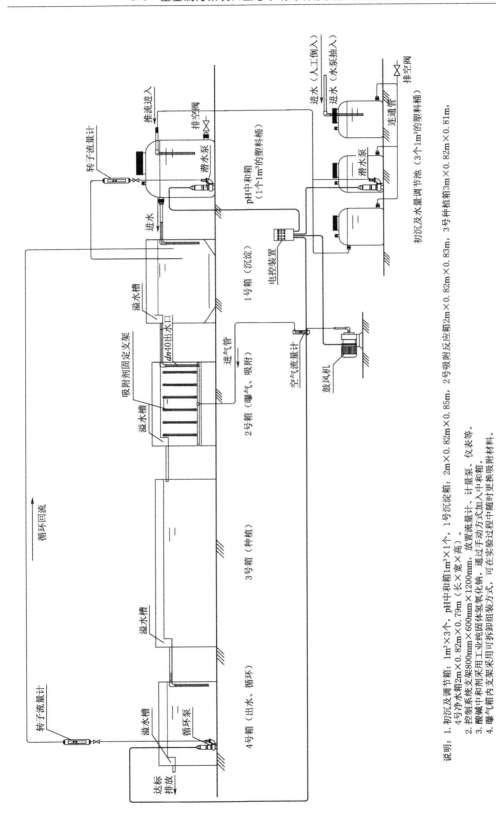

图5.48 退水生态渠塘净化装置的工艺流程图

说明：1. 初沉及水量调节箱：1m³×3个，pH中和箱1m³×1个，1号沉淀箱：2m×0.82m×0.85m，2号吸附反应箱2m×0.82m×0.83m，3号种植箱3m×0.82m×0.81m，4号净水箱2m×0.82m×0.79m（长×宽×高）。
2. 控制系统支架800mm×600mm×1200mm；放置流量计、计量泵、仪表等。
3. 酸碱中和剂采用工业纯固体氢氧化钠，通过手动方式加入中和箱。
4. 曝气箱内支架采用可拆卸组装方式，可在实验过程中随时更换吸附材料。

第 5 章 重金属污染农田生态修复水体净化技术

（a）预处理单元

（b）整体情况图

图 5.49 多级生态渠塘净化系统示范装置

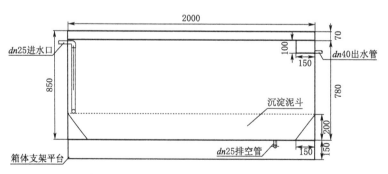

图 5.50 初沉池（B）剖面图（单位：mm）

5.5.3.2 田间退水生态渠塘净化处理效果评价

根据退水水量和预实验的退水化学性质，除增加了处理单元的体积外，在初沉池的前端加上沉淀池（3m³）和 pH 处理单元（1m³），共 4m³，pH 处理单元与初沉池串联，采用虹吸式进水。调节池内设有感应装置和潜水泵。在整个处理单元起始端,用塑料大桶(该桶起到第一次调节 pH 和集水的作用)收集电动退水,并监测 pH。当 pH 呈现弱酸性或者中性时,方可排入处理单元,这样可以保证在后续处理当中,不会产生过多的沉淀固体废物,也方便整个装置运行处理。其中,考虑到处理的退水可能会循环用于灌溉或者直排进入田间排水沟中,因此避免使用氢氧化钠作为 pH 调节的试剂,而采用石灰处理,防止因钠的引入,使土壤板结,造成土壤损伤。在预处理端,潜水泵采取定时开启模式,pH 调节池中的虹吸式水位感应器会自启动,潜水泵和曝气装置工作时间见表 5.13。

图 5.51 生物炭挂架实物图

表 5.13 潜水泵和曝气装置工作时间

泵	工 作 时 间	泵	工 作 时 间
潜水泵	7:00—20:00	曝气装置	14:00—20:00
曝气装置	7:00—12:00		24:00—4:00

整个净化装置按照在 2016 年的室外模拟实验数据进行参数配比:生态减污渠中的生物炭按照 2∶1 的固液比进行定期更换,在本次运行过程中,在该装置中还加入了富集 Cd 的微生物菌株,按照菌株体积∶生物减污渠需水量为 1∶500 的比例进行投加,在电动退水开始收集之前,先运行一个星期,让菌株适应环境。在培养菌株的过程中,曝气参数的调节依然按照间歇式曝气的方式以节约电能,曝气时间见表 5.13。

生态渠塘中的湿地植物菖蒲、香蒲、睡莲、萍蓬草、再力花在湖南省长沙市当地购买,采取挺水植物-浮叶植物-挺水植物的混合栽植顺序,从进水端至出水端依次栽植。生态渠塘中仍然以不同粒径的砾石为基质,起到进一步固持悬浮颗粒物的作用。

出水蓄水池与前端初沉池的体积相同,中层设有循环水泵,当水质不能达标的时候,停止出水,将水循环进初沉池中进行二次循环处理。潜水泵功率为 750W,但每次进水处理后,处理的出水均达到了《农田灌溉水质标准》(GB 5084—2021),因此,循环水泵在整个示范过程中并未启动。第一次淋洗后电动退水的相关参数见表 5.14。

表 5.14　　　　　　　　　第一次淋洗后电动退水的相关参数

参　数	淋洗退水	淋洗退水+石灰	沉淀池	pH调节池	初沉池	生物减污渠	生态沟渠	循环池	去除率/%
pH	1.8	7.5	7.2	7.0	6.6	6.4	6.3	6.1	
Cd 含量/(μg/L)	265.83	0.034	<0.05	<0.05	<0.05	<0.05	<0.05	<0.05	99
Fe 含量/(mg/L)	808.25	27.28	0.20	0.08	0.18	0.93	1.90	<0.82	99
Cl 含量/(mg/L)	14283.40	3883.00	153.25	235.33	6.27	86.59	9.01	6.48	99

在不加 $FeCl_3$ 进行电动退水后，电动退水出水的 Cd 浓度均低于《农田灌溉水质标准》(GB 5084—2021)对 Cd 的标准限值，且低于 ICP-MS 的检出限对 Cd 的限值（0.05μg/L）。以第一次电动退水的参数进行讨论可知，当使用淋洗剂处理农田后，退水中的 Cd 含量明显升高，第一退水达到了 265.83μg/L，Fe 含量高达 808.25mg/L，经过石灰中和处理之后，Cd 含量显著降低至 0.034μg/L，Fe 含量降低至 27.28μg/L，同时退水的 pH 从最初的 1.8 升至 7.5，可以排入生态渠塘进行进一步净化。在取样测定过程中，由于还有水从预处理前端的水泵抽出进入生态渠塘净化系统中，但是结果不影响评价和处理效果，均低于《农田灌溉水质标准》(GB 5084—2021)。循环池的 Cd 和 Fe 浓度分别为均低于仪器的检出限，说明加入预处理单元后，比在实验阶段的处理效率明显提升。

5.5.4　小结

本节将多级生态渠塘净化系统应用于田间示范过程中，除在原有小试模拟实验装置的基础上增加了处理体积之外，又增设了预处理单元来配合微生物菌株共同吸附水体当中的重金属（以 Cd 为例），达到了较好的去除效果，且组装和拆解方便，易于运输和操作。

5.6　净化模式构建与示范

5.6.1　模式 1：稻+塘生态净化系统构建与示范

根据湘潭农科垅中坝抽水灌溉农田的实际情况，选择灌溉水入田处田块作为净化湿地直接进行水体净化。通过对灌溉水水流方向上不同点位土壤和稻米的采样、检测和分析，探讨水质净化模式。该点灌溉水入田是利用抽水机抽灌形式，按照地势高低，抽灌至地势最高田块（田块 1）、次级田块（田块 2），水流随地势高低逐级向下流入大面积稻田（图 5.52）。按照田块位置，分别以 5m 和 3m 为长度单位，间隔采集成熟期水稻植株和土壤样品进行分析测量，共采集田块 1、田块 2 水稻植株和土壤样品共 11 个。

灌溉水入田田块土壤总 Cd 含量情况如图 5.53 所示。可以看出田块 1 土壤总 Cd 含量呈现高、低、高的总体趋势，符合二次曲线（$R^2=0.711$）；而田块 2 土壤总 Cd 含量随水流方向逐渐降低，拟合方程为：$y=-0.021x^2+0.111x+0.848$，$R^2=0.987$。结果表明，抽水定点灌溉农田，稻田土壤 Cd 含量呈现高-低-高的趋势，可能原因是灌溉水入田出水流湍急，不利于水体中颗粒态 Cd 的沉淀，而随着水流速度的减缓，水体中沉淀物逐渐沉淀在稻田表面，随后土壤总 Cd 含量逐渐上升，是因为在田块末端长期封闭形成一个富集库，增加土壤 Cd 含量。田块 2 土壤总 Cd 含量逐渐降低，可能原因是田块 2 面积较小，从进水口至出水口水流流动距离较短，水流较缓慢，水体中颗粒态物质逐渐沉淀，表现出先高后低的趋势。

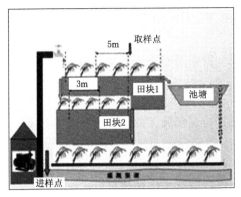
（a）水体净化模式

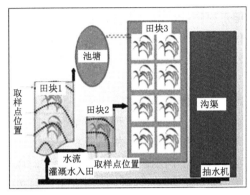
（b）水体净化模式俯瞰图

图 5.52　灌溉水净化模式示意图

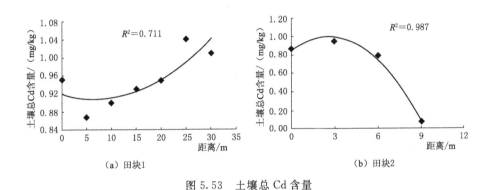
（a）田块1　　　　　　　　　　　　（b）田块2

图 5.53　土壤总 Cd 含量

通过调查监测结果分析表明，两块田中水流方向水稻茎叶稻米 Cd 含量趋势同各田块土壤总 Cd 含量趋势一致。田块1水稻茎叶、稻米 Cd 含量符合二次曲线方程。田块1离灌溉水进口距离 0～30m 时 Cd 含量范围内低于 0.2mg/kg 国家安全标准，15m 左右处稻米 Cd 含量达最低值，而 35m 左右 Cd 含量超过国家稻米限量标准，这与离灌溉水较远距离处 Cd 沉淀蓄积有关。田块2稻米 Cd 含量 0～3m 距离后稻米镉含量降低至 0.2mg/kg 以下。

综上，灌溉水对水稻茎叶、稻米 Cd 含量的影响取决于 2 个重要因子：①灌溉水 Cd 浓度；②灌溉水流速。

5.6.2　模式2：塘+沟生态净化系统构建与示范

在攸县排楼千亩示范片区设计并建设生态塘3个（共 2.67 亩），生态沟渠2条（总长：212m+71m）。具体设计情况如下：

5.6.2.1　生态塘实施内容和方案

工程概况：生态塘位于湖弦组 315 省道旁，占地 2.67 亩，目的是把所管辖的 460 亩田地的灌溉水源通过生态净化，避开洪水造成的污染源，以及通过水生物净化、活性炭净化等措施让清澈合格的水源灌溉到农田。

施工机械：反铲挖掘机，铁镐，铁锹，手推车，振动棒。

施工材料：1∶3的水泥砂浆，1∶2.5的水泥砂浆，C15细石混凝土，C20商业混凝土。

仪器：水平仪，尺子，线绳，经纬仪。

施工程序：挖机清淤—场地平整—测量放线—混泥土基础—砌墙—斜边混泥土—贴植草砖—回填。

施工工序要点如下。

水池成型：根据施工现场的情况，采用机械进行现场施工面的挖掘平整。达到施工放线，无阻碍，排尺流畅，机械开挖畅通。

池埂压实：用挖掘机将田泥成型再实时压紧，再人工用竹片板紧，测量放线，削边成型。

贴植草砖：测量放线—用混合土垫斜边层—斜边混泥土—贴植草砖。

贴广场砖：先测量放线—用混合土垫层—混泥土—贴广场砖。

5.6.2.2 拦截渠实施内容和方案

工程概况：湖弦干渠与三星干渠是一条用于农业耕作灌溉的引水工程，主要目的是修建生态拦截渠减少洪水造成的污染源及净化水源，使稻田灌溉得到有效的改善。干渠一：位于湖弦组，总长210m，干渠二：位于三星组，总长71m。

施工机械：反铲挖掘机，铁镐，铁锹，手推车，振动棒。

施工料具：①材料：1∶3的水泥砂浆，1∶2.5的水泥砂浆，C15细石混凝土，C20商业混凝土，灰土；②仪器：水平仪，尺子，线绳，经纬仪。

施工程序：挖机清淤—场地平整—测量放线—混泥土基础—砌墙—斜边混泥土—贴植草砖—回填。

施工工序要点：①根据施工现场的情况，采用机械对现场施工面进行平整；②达到施工放线，无阻碍，排尺流畅，机械开挖畅通。

5.6.3 模式3：塘＋沟＋池＋拦截墙多级净化系统构建与示范

根据示范片（攸县排楼）地形和区域灌溉特征，采取统一规划、统一管理、统一实施的原则，对示范片进行整体规划，分区分片进行治理。首先，依据灌溉水流方向，对进入示范区的灌溉水因地制宜建设生态沟渠、生态塘、沉沙池、吸附池、拦截墙等进行净化处理，净化灌溉水中的重金属90%以上，大大降低因灌溉水造成示范片的重金属污染。

根据地形特点及水流灌溉特征，把示范区分为6个片区，片区总面积为200亩左右，并充分利用示范片区内的池塘和沟渠湿地建立灌溉水四级净化体系。

利用早稻农闲时间，在示范片灌溉水入口建立一级沉降池（沉沙池），沉降池中可添加石灰、活性炭、硅基材料等的具有钝化重金属或吸附重金属作用的材料，促进灌溉水中的重金属沉降。沉降池面积2000m^2左右，蓄水能力为2000t左右，按水流速度0.1m^3/s计算，每天沉沙处理的水约20000m^3，既在全开情况下水在沉降池中的时间平均为3h，每天可以供应300亩的水田灌水10cm，4d既可提供千亩片的所有田块灌溉水需求。

在一级沉降池与6个片区的连接沟渠中，因地制宜地建立生态拦截沟渠，栽种狐尾藻、水芹菜等挺水植物，进行灌溉水的第二级净化，不适合种植水生植物的沟渠则采用拦截墙技术，按照每 50~100m 建立灌溉水重金属拦截墙 1 个，对灌溉水进行过滤，并定期（1 个月 1 次）更换拦截墙滤芯，用水高峰期更换速度提高至 15d 更换一次。

在 6 个片区灌溉水入口建立以挺水植物（荸荠、水芹菜、慈姑、水葱）为主、沉水植物（狐尾藻、金鱼藻、车轮藻、狸藻、眼子菜）为辅的三级灌溉水植物立体净化系统，每个净化系统面积 500m² 左右，日处理水量 4000m³，供应稻田灌溉面积 200 亩左右。

在 6 个片区的三级灌溉水植物立体净化系统出水口与农田之间建立 1~2m² 的灌溉水净化吸附或拦截墙，对进入农田的灌溉水进行第四级处理。第四级净化池主要有 3 种类型：①通过活性炭等高表面积的具有强吸附性能的物质对灌溉水中的重金属进行物理吸附；②向净化池中添加石灰等碱性物质，通过提高灌溉水的 pH 钝化灌溉水中的重金属；③以上两种技术的组合。在 6 个片区可因地制宜地对以上 3 种类型进行选择。

对示范区 60 个定位监测点的 1800 个灌溉水样监测结果表明（图 5.54），灌溉水 Cd 平均含量为 0.066μg/L，远低于《农田灌溉水质标准》（GB 5084—2021）。项目片灌溉水进水口（沉沙池进水口）与两个田间灌溉水定位监测点，在 3—10 月每 10d 取样 1 次，监测结果表明（图 5.55），入水口的灌溉水 Cd 平均含量为 1.12μg/L，而经过多级生态净化系统后，两个灌溉水监测点位的 Cd 含量分别仅 0.17μg/L 和 0.07μg/L，分别比入水口降低 84.82% 和 93.75%。

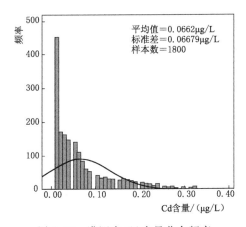

图 5.54 灌溉水 Cd 含量分布频率

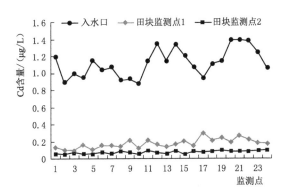

图 5.55 入水口灌溉水中 Cd 含量随定位监测点的变化

第6章 重金属污染农田农艺调控技术

6.1 淹水降Cd技术研究

Cd是一种重要的环境污染元素，在联合国环境规划署列出的12种危险化学物质中占据首位。南方的土壤Cd污染程度重于北方，耕地土壤环境质量堪忧（中华人民共和国环境保护部，2014）。Cd的生物毒性极强（陈英旭，2005；陈朗 等，2008），食物链传递是其危害人类健康的主要途径之一。中国是世界上的水稻生产和消费大国。近年来，由于南方稻米重金属污染事件频发，粮食质量安全已受到国家和社会各界的高度关注。当前环境污染与粮食安全问题凸显，《国家中长期科学和技术发展规划纲要（2006—2020年）》早已将"加强农村环境保护""综合治污与废弃物循环利用""食品安全"分别列入了农业、环境和公共安全领域的优先主题。

针对于Cd污染土壤的修复利用，前人已做过大量研究工作（李慧 等，2016；李念 等，2015；史新 等，2012；谢华 等，2016；曾成城 等，2016；祝振球 等，2017；张晶 等，2012；张亚丽 等，2001），目前较为成熟可行的方法主要包括化学钝化修复、富集植物修复及农艺调控等。化学钝化修复虽然见效快，但其修复效果的持久性有待考究，且存在二次污染风险。植物修复也存在一定局限性，如耗时较长、修复效率偏低等。与其他措施相比，农艺调控因简单易行而较为切合实际，其中水分调控是最有效的方法之一，已得到诸多学者的证实和认同。淹水能显著降低土壤中Cd的生物有效性，从而减少水稻的Cd累积（陈喆 等，2015；张雪霞 等，2013；张丽娜 等，2006）。

6.1.1 材料与方法

6.1.1.1 供试材料

采用盆栽实验方法，在湖南省土壤肥料研究所进行。供试水稻品种为泰优390，6月上旬播种，7月上旬移栽，每盆3蔸，每蔸2株，10月中旬收割。供试土壤为采自湖南省长沙县的清洁水稻土（第四纪红壤发育的红黄泥）。土壤采集后经风干、磨细，过5mm筛后待用。供试土壤基本理化性质及Cd含量见表6.1。盆栽器皿为陶土盆，每盆装土15kg，所有处理重复5次。每盆加入经过前处理的土壤15kg，添加$Cd(NO_3)_2$调节土壤总Cd含量至3.0mg/kg，充分拌匀，干湿交替放置3个月。

表6.1 供试土壤基本理化性质及Cd含量

土壤类型	pH	有机质/(g/kg)	碱解氮/(mg/kg)	有效态P/(mg/kg)	有效态K/(mg/kg)	总Cd/(mg/kg)
红黄泥	5.20	27.6	115.7	3.8	92.0	0.11

6.1.1.2 实验设计

共设置11种水分管理模式（处理）：①常规灌溉（CI），在水稻分蘖盛期和乳熟期各晒田一次,其他时间淹水;②全生育期淹水(WF),在水稻生长期间始终保持淹水状态;③全生育期湿润灌溉(WI),在水稻生长期间始终保持土面处于无明水的湿润状态;④分蘖盛期开始淹水1周(T1),其他时间湿润灌溉;⑤分蘖盛期开始淹水2周(T2),其他时间湿润灌溉;⑥分蘖盛期开始淹水3周(T3),其他时间湿润灌溉;⑦分蘖盛期开始淹水4周(T4),其他时间湿润灌溉;⑧灌浆开始淹水1周(F1),其他时间湿润灌溉;⑨灌浆开始淹水2周(F2),其他时间湿润灌溉;⑩灌浆开始淹水3周(F3),其他时间湿润灌溉;⑪灌浆开始淹水4周(F4),其他时间湿润灌溉。基肥在水稻移栽前一次性施入,每千克土壤中施入尿素0.32g、磷酸二氢钾0.14g和氯化钾0.25g。水稻移栽返青后追施1次尿素,用量为0.07g/kg。除水分管理外,其他管理措施与田间管理措施相同。水稻生长期间采用自来水灌溉(pH为6.87,Cd含量未检出)。

6.1.1.3 测定方法

基础土壤总Cd含量采用HNO_3-H_2O_2-HF微波消解,基本理化性质采用常规方法进行测定(鲁如坤,1999)。灌溉水样中Cu、Zn、Pb、Cd的测定采用《水质 铜、锌、铅、镉的测定 原子吸收分光光度法》(GB 7475—87)。水稻收获时对稻谷和植株进行取样,稻谷样品晒干后称重,最后去糠粉碎,植株样品洗净泥土后烘干粉碎,糙米和植株样品均以HNO_3-H_2O_2进行微波消解,并带标准物质(大米粉和灌木枝叶)进行质量控制。分析所用器皿均以10%稀硝酸溶液浸泡过夜。所有样品Cd含量使用ICP-MS进行测定(iCAP Q,美国Thermo公司)。

6.1.1.4 数据处理

实验数据均为5次重复的平均值,采用Microsoft Excel 2003和SPSS 13.0软件进行统计和方差分析(LSD法)。

$$转运系数 = \frac{糙米 Cd 浓度}{茎叶 Cd 浓度}$$

$$富集系数 = \frac{水稻不同器官 Cd 浓度}{土壤 Cd 浓度}$$

6.1.2 结果与分析

6.1.2.1 不同处理对水稻产量的影响

不同处理下的水稻产量差异明显,其中常规灌溉(CI)的水稻产量最高,全生育期湿润灌溉处理(WI)的水稻产量最低。与常规灌溉(CI)相比,其他不同淹水时间处理均出现一定程度减产,期中全生育期湿润灌溉(WI)、分蘖盛期开始淹水1周(T1)、分蘖盛期开始淹水2周(T2)、分蘖盛期开始淹水3周(T3)、分蘖盛期开始淹水4周(T4)5个处理的水稻产量显著下降,降幅分别为23.7%、16.0%、15.5%、20.2%和18.6%,详见图6.1。

水稻在不同生育阶段对水分的敏感程度不同,因而需水量差异较大。有研究表明,抽穗扬花期是水稻缺水最为敏

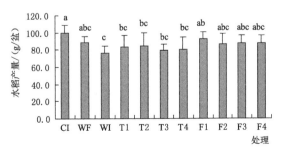

图6.1 不同处理对水稻产量的影响

感的时期,其次为拔节抽穗期,最后为分蘖期和乳熟期(司昌亮 等,2013)。该实验中,与常规灌溉(CI)相比,全生育期湿润灌溉(WI)的水稻减产明显,这与其在整个生育期的需水规律基本吻合,因为湿润灌溉处理的土壤含水率在40%左右,难以满足水稻在拔节抽穗期和抽穗扬花期的水分需求,这是导致其减产的重要原因。分蘖盛期开始淹水1~4周处理(T1、T2、T3和T4)亦出现明显减产,这与抽穗扬花期缺水密切相关,此时缺水,容易使花粉和雌蕊柱头受旱枯萎,或者抽穗困难,并极易造成根系、叶片早衰,最终影响产量。所有处理中,常规灌溉(CI)产量最高,说明在满足水稻关键生育期需水的前提下,适时晒田有利于保障水稻产量,因为分蘖期晒田可抑制无效分蘖,乳熟期晒田则有利于籽粒干物质的累积。

6.1.2.2 不同处理对水稻吸收累积Cd的影响

不同处理的水稻糙米Cd含量存在较大差异,11个处理中,以全生育期湿润灌溉处理(WI)的糙米Cd含量最高,全生育期淹水处理(WF)的糙米Cd含量最低,各处理糙米Cd含量顺序为:全生育期湿润灌溉(WI)>灌浆开始淹水1周(F1)>灌浆开始淹水2周(F2)>分蘖盛期开始淹水1周(T1)>常规灌溉(CI)>灌浆开始淹水3周(F3)>分蘖盛期开始淹水2周(T2)>灌浆开始淹水4周(F4)>分蘖盛期开始淹水3周(T3)>分蘖盛期开始淹水4周(T4)>全生育期淹水(WF)。其中全生育期淹水处理的糙米Cd含量(0.16mg/kg)达到《食品安全国家标准 食品中污染物限量》(GB 2762—2012)。以常规灌溉处理(CI)作为对比,通过比较发现,全生育期淹水(WF)、分蘖盛期开始淹水2周、3周和4周(T2、T3和T4)和灌浆开始淹水4周(F4)5个处理的糙米Cd含量显著下降,降幅分别为91.8%、29.1%、63.3%、75.5%和62.2%。常规灌溉处理除其他时间淹水外,在水稻分蘖盛期和乳熟期各进行1次晒田,晒田主要是针对水稻稳产,但同时也会对土壤Cd活性产生极大影响,进而影响水稻对Cd的吸收累积。实验结果表明,全生育期淹水、分蘖盛期开始淹水2~4周和灌浆开始淹水4周处理的糙米Cd含量显著低于常规灌溉处理,由此间接证实了这两个关键时期水分调控对水稻Cd累积的重要影响作用。

与全生育期湿润灌溉处理(WI)相比,水稻在整个生育期的淹水时间变化对糙米Cd累积的影响极大,所有淹水处理的糙米Cd含量均显著下降,且随着淹水时间的延长,糙米Cd含量呈降低趋势,其中以全生育期淹水处理(WF)的糙米Cd含量最低,仅为全生育期湿润灌溉处理(WI)的3.4%。图6.2将分蘖盛期开始淹水与灌浆开始淹水两组处理进行对比,在相同淹水时间条件下,除淹水4周处理的差异不明显外,淹水1~3周的水稻糙米Cd含量均存在显著差异,分蘖盛期开始淹水1~4周处理的糙米Cd含量较灌浆开始淹水1~4周处理的分别降低了27.1%($p<0.05$)、46.6%($p<0.05$)、56.0%($p<0.05$)和35.2%($p>0.05$),平均降幅为41.2%。可见,随着淹水时间的

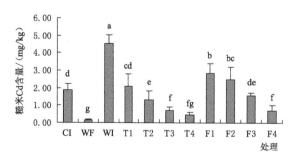

图6.2 不同处理对水稻糙米Cd含量的影响

延长，水稻糙米 Cd 含量呈明显下降趋势，从糙米 Cd 含量降幅来看，分蘖盛期开始淹水对糙米 Cd 累积的抑制效果明显优于灌浆开始淹水处理。

水稻茎叶 Cd 含量的变化趋势与糙米 Cd 基本相似（图 6.3），以全生育期湿润灌溉处理（WI）的最高，全生育期淹水处理（WF）的最低。与常规灌溉处理（CI）相比，全生育期淹水（WF）、分蘖盛期开始淹水 2~4 周（T2、T3 和 T4）和灌浆开始淹水 3~4 周（F3、F4）6 个处理的水稻茎叶 Cd 含量分别降低 90.4%、48.8%、66.3%、73.6%、38.8% 和

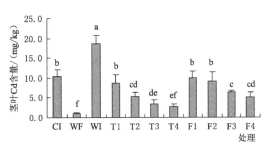

图 6.3 不同处理下的水稻茎叶 Cd 含量变化

50.7%，降幅均达到显著水平，而全生育期湿润灌溉处理（WI）的水稻茎叶 Cd 含量则高出常规灌溉处理（CI）80.9%（$p<0.05$）。与全生育期湿润灌溉处理（WI）相比，所有淹水处理的水稻茎叶 Cd 含量均显著下降，且随着淹水时间的延长，水稻茎叶 Cd 含量显著降低，其中全生育期淹水处理（WF）的水稻茎叶 Cd 含量仅为全生育期湿润灌溉处理（WI）的 5.3%。将分蘖盛期开始淹水与灌浆开始淹水两组处理进行对比，在淹水时间相同的条件下，分蘖盛期开始淹水 1~4 周处理的水稻茎叶 Cd 含量低于灌浆开始淹水 1~4 周处理，降幅分别为 11.8%（$p>0.05$）、41.1%（$p<0.05$）、44.9%（$p<0.05$）和 46.4%（$p<0.05$），平均为 36.0%。

淹水导致土壤 Cd 活性降低是影响水稻 Cd 累积的一个重要原因（Arao et al.，2009）。淹水影响土壤氧化还原状况，进而影响了 Cd 的形态转化，这种变化与还原条件下 Cd 的硫化物的形成及铁等氧化物对 Cd 的不同吸附特性有关（Reddy et al.，1977）。淹水还原条件下，土壤中的 SO_4^{2-} 还原为 S^{2-}，有机物不能完全分解而产生硫化氢，由于 Cd 在土壤中具有很强的亲硫性质，与 S^{2-} 共沉淀，从而降低 Cd 的活度（李元 等，2016）。笔者前期的研究结果也证实淹水条件下土壤中 S 是影响 Cd 活性的一个重要因子（刘昭兵 等，2010）。除土壤因素外，Cd 在水稻各器官中的再分配也影响稻米的 Cd 累积。有研究认为（胡莹 等，2012），调控 Cd 在水稻茎叶和籽粒中累积的机制包括 3 个主要过程：①根系的吸收；②木质部运输；③通过韧皮部向籽粒中转运。而糙米中 Cd 的浓度受水稻植株吸收 Cd 的总量和茎叶 Cd 向籽粒转移效率的双重影响。已有研究证实，水稻籽粒 Cd 含量与 Cd 从茎叶向籽粒转运能力存在显著正相关（Liu et al.，2007）。Rodda 等（2011）的研究表明，糙米中 60% 的 Cd 含量是由剑叶、茎等在水稻开花灌浆前累积的 Cd 重新活化，通过韧皮部输入籽粒。Tanaka 等（2003）研究发现，90% 的 Cd 通过韧皮部输送实现水稻籽粒的累积。文志琦等（2015）的研究证实，水稻根系和叶片在灌浆期对穗轴的 Cd 输出量基本接近，认为根系吸收的 Cd 一部分通过穗轴直接进入籽粒，另一部分转运到叶片储存起来，在灌浆期通过穗轴进入籽粒。由此可见，水稻茎叶在营养生长阶段累积的 Cd 在后期的转运输出中对籽粒 Cd 累积的贡献极大。对水稻糙米 Cd 含量与茎叶 Cd 含量进行的回归分析表明，两者呈显著线性正相关（$R^2=0.9394$，$p=0.0001$），说明茎叶中 Cd 的转运输出对糙米的 Cd 累积影响较大。

6.1.2.3 淹水时间对水稻 Cd 转运的影响

稻米中的 Cd 含量除了与种植土壤的 Cd 污染程度密切相关外，也在很大程度上取决于水稻自身对 Cd 的转运效率。水稻茎叶—糙米的 Cd 转运系数表征的是重金属 Cd 由茎叶转运至糙米的难易程度，不仅与水稻基因型有关，也受外界条件影响。图 6.4 为不同淹水时间处理的水稻茎叶-糙米的 Cd 转运系数差异。由图 6.4 可见，灌浆开始淹水 1 周处理（F1）的水稻 Cd 转运效率最高，而灌浆开始淹水 4 周处理（F4）的转运效率最低。与常规灌溉（CI）处理相比，灌浆开始淹水 1～2 周处理（F1、F2）的水稻 Cd 转运效率则显著提高，分别升高 56.1% 和 52.4%。全生育期淹水（WF）、分蘖盛期开始淹水 4 周（T4）和灌浆开始淹水 4 周（F4）处理的水稻 Cd 转运效率较常规灌溉（CI）处理略有下降，但差异未达到显著性水平。通过比较分蘖盛期开始淹水与灌浆开始淹水 2 组处理，发现随着淹水时间的延长 Cd 转运效率下降，说明淹水处理能在一定程度上抑制 Cd 由茎叶向糙米的转运，这种抑制效果与时间呈正相关。

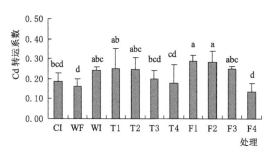

图 6.4 不同处理下水稻茎叶—糙米的 Cd 转运系数差异

6.1.2.4 不同处理对水稻富集 Cd 的影响

不同处理下水稻茎叶和糙米对土壤中 Cd 的富集能力变异极大。全生育期湿润灌溉处理（WI）的糙米 Cd 富集系数大于 1，达到了富集水平。而其他处理的糙米 Cd 富集系数均在 1 以下，表明在该处理条件下对 Cd 无富集作用（图 6.5）。从茎叶 Cd 的富集系数来看，除全生育期淹水处理（WF）和分蘖盛期开始淹水 4 周处理（T4）的茎叶 Cd 富集系数小于 1 外，其他处理的茎叶 Cd 富集系数均大于 1，表明水稻茎叶对 Cd 的富集能力明显高于糙米（图 6.6）。通过比较分蘖盛期开始淹水与灌浆开始淹水两组处理，发现淹水时间显著影响水稻茎叶和糙米对土壤 Cd 的富集能力，且随着淹水时间的延长，对 Cd 的富集能力下降。11 个处理中以全生育期湿润灌溉处理（WI）的最高，全生育期淹水处理（WF）的最低，两者糙米和茎叶 Cd 富集系数相差 28.0 倍和 17.8 倍。

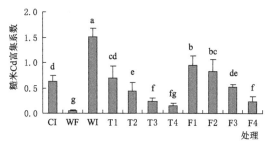

图 6.5 不同处理下水稻糙米对 Cd 的富集能力差异

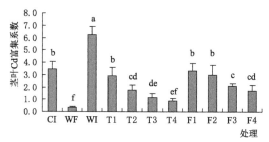

图 6.6 不同淹水时间条件下水稻茎叶对 Cd 的富集能力差异

6.1.3 小结

（1）水稻对水分需求的敏感性因生育期而异。所有处理中，常规灌溉处理的产量最高，说明适时晒田有利于保障水稻产量，分蘖盛期淹水 1～4 周处理的减产明显，说明灌浆期缺水对水稻产量的影响大于分蘖期缺水。

（2）在水稻整个生育期内，淹水时间显著影响水稻对 Cd 的吸收累积。淹水时间越长水稻茎叶和糙米中的 Cd 含量越低，而这种影响也因水稻生育期而异，分蘖盛期开始淹水对水稻 Cd 累积的抑制效果明显优于灌浆开始淹水。

（3）水稻茎叶—糙米的 Cd 转运系数代表 Cd 由茎叶转运至糙米的难易程度，不同淹水时间处理的水稻 Cd 转运效率随淹水时间的延长而下降，表明淹水能在一定程度上降低水稻对 Cd 的转运效率，且这种抑制效果与淹水时间呈正相关。

6.2 土壤调理技术研究

Cd 是自然界中广泛存在的一种植物非必需元素，在环境中化学活性强、移动性大、毒性持久，环境中每年进入生物圈的 Cd 约 3 万 t（Tschuschke et al.，2002）。我国土壤重金属污染是在工业化发展过程中长期累积形成，Cd 污染农田不仅污染面积大、程度重，并呈逐年加重趋势（国家环境保护总局，2003；徐良将 等，2011）。原位钝化修复技术主要通过对重金属离子的吸附或（共）沉淀作用改变其在土壤中的存在形态，从而降低其生物有效性和迁移性，并因成本较低、操作简单、见效快，适合大面积中轻度重金属污染土壤治理，受到环境工作者的广泛关注（Jurate et al.，2008；王立群 等，2009）。大量研究表明，施用土壤调理剂对水稻 Cd 吸收累积具有较好的抑制作用，但由于土壤调理剂目前尚无统一的定义、分类和评价标准，降低水稻 Cd 吸收的土壤调理剂包含无机、有机、生物和人工合成或其组合等多种类型，皆在水稻上表现出较好的降 Cd 效果。但在土壤调理剂推广应用中，关于土壤调理剂的功能定位不准、产品质量良莠不齐，以及潜在的环境风险等问题的逐渐暴露，建立完善、系统、科学的修复 Cd 污染稻田的土壤调理剂统一评价体系显得尤为重要。因此，实验选择降 Cd 效果较好的 14 个土壤调理剂产品在 Cd 污染农田进行小区对比实验，通过土壤调理剂的施用对水稻产量、Cd 含量、土壤 Cd 活性及土壤酸性的影响，评价土壤调理剂的修复效果，指导土壤调理剂在 Cd 污染土壤中的修复治理及降 Cd 专用土壤调理剂产品的研发。

6.2.1 材料与方法

6.2.1.1 供试材料

供试土壤：位于长沙县春华镇，土壤总 Cd 含量为 0.34mg/kg，土壤有效态 Cd 含量（醋酸铵提取态）为 0.09mg/kg，土壤 pH 为 5.89，土壤有机质含量为 29.92g/kg，土壤阳离子交换量为 9.46cmol/kg。

供试水稻：早稻为株两优 819，晚稻为湘晚籼 13 号。

土壤调理剂：分别为湖南省微生物研究院提供的"大三元"土壤调理剂、环保桥（湖南）生态环境修复有限公司的"楚戈"土壤调理剂、成都新朝阳作物科学股份有限公司的

"镉康"土壤调理剂、广东大众农业科技股份有限公司的"田师傅"土壤调理剂、佛山金葵子植物营养有限公司的"金葵子"复合微生物肥料、福建省玛塔农业发展有限公司的"特贝钙"土壤调理剂、湖南美鑫隆生态环保科技有限公司的重金属修复调理剂 MXL1号、湖南省祝天峰生物科技有限公司的"添丰"土壤调理剂、湖南永清环保研究院有限责任公司的"金钝1号"土壤调理剂、湖南景塑湘台环保高新技术开发有限公司的"JY-1"土壤调理剂、天脊煤化工集团股份有限公司的"天脊牌"土壤调理剂、北京世纪阿姆斯生物技术有限公司的"阿姆斯"微生物土壤调理剂、湖南富利来环保科技工程有限公司的"裕新"有机土壤调理剂、湖南宇丰农科生态工程有限公司的"宇丰"土壤调理剂。

6.2.1.2 实验方法

以常规施肥为对照,采用石灰处理进行比对分析,设置 16 个处理,3 次重复的大田小区实验。小区面积为 $30m^2$,随机排列,外设保护区,小区间田埂采用塑料薄膜铺盖至田面 20cm 以下。各小区单灌单排,避免串灌串排。16 个处理分别为:14 个土壤调理剂产品的处理(T1~T14),施用石灰(L)和常规对照(CK)处理。石灰和土壤调理剂施用量皆为 $1500kg/hm^2$。所有处理施用复合肥($N:P_2O_5:K_2O=15:15:15$)$375kg/hm^2$,插秧 34.5 万穴$/hm^2$,插秧后 10d 追施尿素 $150kg/hm^2$。早稻季的石灰和土壤调理剂参照产品说明结合整地均匀施入并耙匀,一周后再施基肥并翻耕后移栽水稻,早稻成熟取样测产;早稻收割后立即结合整地施用晚稻季的石灰和土壤调理剂,施用方法及施用量同早稻,一周后施用基肥并翻耕土壤后移栽水稻,晚稻成熟测产取样。采用当地常规的水肥及病虫草害进行管理,分蘖盛期至分蘖末期晒田 10d。

水稻种植整地前按 S 取样法取小区实验田块基础土样测定土壤理化性质及土壤总 Cd 和有效态 Cd 含量;水稻成熟期测定各小区产量,并取各实验小区土壤样品和稻谷样品,测定土壤 pH、土壤有效态 Cd 含量和水稻 Cd 含量。

6.2.1.3 分析方法

土壤有效 Cd 含量:称 10.00g 过 20 目筛土样,加入 1mol/L 的醋酸铵 50mL,25℃条件下 180r/min 振荡 1h 后过滤,稀释 20~100 倍后用 ICP-MS 测定。

土壤总 Cd 含量:称过 100 目筛土样 0.3g 于消煮管中,采用 $HNO_3-H_2O_2-HF$ 微波消煮,定容后过滤,用 ICP-MS 测定。

水稻糙米及植株 Cd 含量:称样 0.3g 于消煮管中,分别加入 $HNO_3-H_2O_2$ 微波消煮,定容后过滤,用 ICP-MS 测定。

数据处理:采用 SPSS 17.0 及 Microsoft Excel 2003 进行数据的统计分析。

6.2.2 结果与分析

6.2.2.1 土壤调理剂对水稻产量的影响

测定早稻和晚稻产量结果表明,早、晚稻平均产量分别为 $5696.0kg/hm^2$ 和 $7578.2kg/hm^2$,晚稻产量比早稻产量平均高 33.05%($p<0.05$)。施用石灰的早、晚稻稻谷产量分别比 CK 降低 5.50% 和 2.02%,差异不明显;14 个土壤调理剂处理的早、晚稻产量与 CK、L 处理间皆无显著差异(表 6.2)。其中,早稻产量高于 CK 的处理有 4 个,增产幅度为 0.43%~2.52%;晚稻产量高于 CK 的处理有 12 个,增产幅度为

0.61%~8.75%；早、晚稻皆增产的处理有3个。

表 6.2　施用土壤调理剂的早、晚稻产量及稻米和茎 Cd 含量及转运系数（TF）

处理	稻谷产量/(kg/hm²)		稻米 Cd 含量/(mg/kg)		茎 Cd 含量/(mg/kg)		$TF_{米/茎}$		$TF_{茎/土}$	
	早稻	晚稻	早稻	晚稻	早稻	晚稻	早稻	晚稻	早稻	晚稻
T1	5845.8a	7673.5a	0.28b	0.23efg	0.92c	0.66f	0.31abc	0.35b	12.62bc	13.40def
T2	5900.7a	8027.5a	0.32b	0.30bcde	0.94c	1.17def	0.36ab	0.28b	11.90c	16.53cdef
T3	5718.4a	7724.3a	0.29b	0.23efg	0.91c	0.74f	0.38a	0.32b	13.44bc	11.63ef
T4	5812.2a	7538.2a	0.32b	0.42ab	1.39bc	2.04b	0.24bcd	0.21b	21.58abc	44.22a
T5	5278.6a	7463.2a	0.35ab	0.37bcd	1.60bc	1.50bcde	0.24bcd	0.26b	20.96abc	21.83bcdef
T6	5505.3a	7470.8a	0.29b	0.22efg	1.42bc	0.78f	0.23cd	0.28b	19.10abc	12.05ef
T7	5925.2a	7292.7a	0.34b	0.38abcd	1.91bc	1.71bcd	0.20cd	0.23b	23.90abc	28.36abcd
T8	6018.6a	7977.0a	0.29b	0.29def	2.05ab	1.29cdef	0.17d	0.24b	23.78abc	19.38cdef
T9	5637.5a	7426.4a	0.30b	0.24efg	1.29bc	1.10def	0.24bcd	0.25b	17.48bc	16.93cedf
T10	5602.6a	7539.3a	0.26b	0.22fg	1.90bc	0.92ef	0.15d	0.25b	25.61ab	14.26def
T11	5492.4a	7518.9a	0.29b	0.18g	1.74bc	0.80f	0.18cd	0.27b	22.50abc	12.15ef
T12	5895.7a	7965.4a	0.30b	0.22efg	1.34bc	0.88ef	0.23cd	0.25b	19.08abc	14.01def
T13	5530.2a	7437.5a	0.35ab	0.39abcd	1.86bc	1.95bc	0.19cd	0.21b	22.78abc	34.25ab
T14	5554.0a	7582.7a	0.35ab	0.41abc	1.78bc	1.69bcd	0.20cd	0.26b	22.64abc	27.67bcde
L	5547.9a	7232.5a	0.33ab	0.30bcde	1.25bc	0.44f	0.27abcd	0.75a	14.75bc	8.88f
CK	5870.5a	7381.5a	0.46a	0.49a	3.01a	2.86a	0.16d	0.17b	30.95a	31.32abc

注　表中同列不同小写字母表示处理间在 $p=0.05$ 水平上差异显著；$TF_{米/茎}=$ 米 Cd 含量/茎 Cd 含量，$TF_{茎/土}=$ 茎 Cd 含量/土壤有效态 Cd 含量，土壤有效态 Cd 含量见表 6.3。下同。

6.2.2.2　土壤调理剂对水稻稻米及秸秆 Cd 含量的影响

测定成熟期稻米 Cd 含量结果表明（表 6.2），施用土壤调理剂和石灰皆可降低稻米 Cd 含量。与 CK 相比，施用石灰的早、晚稻稻米 Cd 含量分别下降了 26.96%（$p<0.05$）和 38.86%（$p<0.05$）；不同土壤调理剂降低稻米 Cd 含量的效果存在较大差异，施用土壤调理剂的早、晚稻稻米 Cd 含量降幅分别为 22.65%~44.24% 和 15.20%~63.03%，早、晚稻最高降 Cd 效果分别为最低降 Cd 效果的 1.95 倍和 4.15 倍。与 CK 相比，早、晚稻分别有 11 个、10 个产品降低稻米 Cd 含量的效果达显著差异水平，而早、晚稻稻米降 Cd 效果皆优于石灰的产品有 9 个，且同一土壤调理剂降低早、晚稻稻米 Cd 含量的效果趋势一致，表明土壤调理剂抑制稻米 Cd 累积的效果相对稳定，且优于石灰。

施用石灰和土壤调理剂降低水稻秸秆 Cd 含量的趋势与降低稻米 Cd 含量的趋势大致相同（表 6.2）。与 CK 相比，施用石灰降低早、晚稻秸秆 Cd 含量分别为 58.57%（$p<0.05$）和 84.53%（$p<0.05$）；施用土壤调理剂降低早、晚稻秸秆 Cd 含量的降幅分别为 32.01%~69.80% 和 28.80%~77.01%。与 CK 相比，早、晚稻各有 13 个、14 个产品降低秸秆 Cd 含量的效果达显著差异水平。

6.2.2.3　土壤调理剂对 Cd 转运效率的影响

计算 Cd 在土—茎—米中转运系数表明（表 6.2），CK 的 $TF_{米/茎}$ 小于土壤调理剂处理,而 $TF_{茎/土}$ 则是 CK 高于土壤调理剂处理。可能是常规施肥下,土壤中的 Cd 能较容易进入水稻根系并转运至茎叶,但随茎叶中 Cd 含量的增加,而稻米中容纳 Cd 的容量有限,抑制了茎叶中的 Cd 向稻米中转运。而石灰处理的 $TF_{茎/土}$ 远小于土壤调理剂处理,但 $TF_{米/茎}$ 则高于土壤调理剂,尤其是晚稻极为明显,表明施用石灰主要依靠抑制土壤中的 Cd 向水稻茎叶中的阻控,而对茎叶中 Cd 向米中转运的抑制效果较小。土壤调理剂处理间差异明显,且早稻和晚稻的 $TF_{米/茎}$、$TF_{茎/土}$ 间差异也较大,表明不同土壤调理剂降 Cd 的阻控机制不同,有的主要作用在土—茎的转运过程,有的主要作用在茎—米的转运过程;但 $TF_{米/茎}$ 和 $TF_{茎/土}$ 在早、晚稻间趋势基本一致,表明土壤调理剂降低土壤 Cd 向米中转运的抑制机理或许相同。

6.2.2.4 土壤调理剂对土壤有效态 Cd 含量和土壤 pH 的影响

测定早、晚稻成熟期土壤有效态 Cd 含量结果表明(表 6.3),早、晚稻施用石灰皆降低了土壤有效态 Cd 含量,但与 CK 间无显著差异;施用土壤调理剂降低早、晚稻土壤有效态 Cd 含量也皆有一定的效果。与 CK 相比,早、晚稻分别有 9 个和 13 个土壤调理剂降低土壤有效态 Cd 含量的效果明显,且 T1、T3~T6、T9~T12 等 9 个产品降低早、晚稻土壤有效态 Cd 含量的效果皆显著优于 CK,但与石灰处理皆无明显差异。

表 6.3　　　施用土壤调理剂的早、晚稻土壤有效态 Cd 含量和土壤 pH

编号	土壤有效态 Cd 含量/(mg/kg)		土壤 pH	
	早稻	晚稻	早稻	晚稻
T1	0.073b	0.052b	6.17ab	5.89cd
T2	0.077ab	0.071ab	6.13ab	5.99bcd
T3	0.069b	0.064b	6.18ab	6.08abc
T4	0.069b	0.051b	6.02ab	5.87cd
T5	0.077b	0.069b	5.98ab	5.89cd
T6	0.073b	0.065b	6.08ab	5.94cd
T7	0.080ab	0.060b	5.85b	6.06abc
T8	0.084ab	0.067b	6.03ab	6.09ab
T9	0.076b	0.065b	6.09ab	6.00bcd
T10	0.072b	0.065b	6.14ab	6.08abc
T11	0.076b	0.067b	6.74a	6.27ab
T12	0.071b	0.064b	6.74a	6.31a
T13	0.082ab	0.065b	6.57ab	6.00bcd
T14	0.078ab	0.065b	6.44ab	5.81cd
L	0.085ab	0.068ab	6.04ab	5.95cd
CK	0.098a	0.091a	5.96ab	5.73d

测定水稻成熟期土壤 pH 结果表明(表 6.3),与 CK 相比,早稻施用土壤调理剂和石灰皆没有显著提高土壤 pH,且不同土壤调理剂处理间存在较大差异;晚稻施用土壤调理

剂和石灰皆可提高土壤 pH，其中 T3、T7、T8、T10～T12 等 6 个土壤调理剂处理的土壤 pH 显著高于 CK。

可见，施用土壤调理剂对提高土壤 pH 和降低土壤有效态 Cd 含量皆有一定的作用，但其效果有待增强。

6.2.2.5　稻米 Cd 含量与土壤有效态 Cd 含量、土壤 pH 及 Cd 的转运系数间的相关性

分析稻米 Cd 含量与土壤有效态 Cd 含量、土壤 pH 及 Cd 在土—茎—米中转运系数的相关性可知（表 6.4），早、晚稻的稻米 Cd 含量皆与茎 Cd 含量及 $TF_{茎/土}$ 皆呈极显著正相关，而与 $TF_{米/茎}$ 相关不明显；与土壤有效态 Cd 含量呈正相关，且早稻相关显著；而与土壤 pH 的相关性仅在晚稻上表现出呈极显著负相关，早稻上相关不明显。可见，在施用土壤调理剂的情况下，稻米 Cd 含量主要受茎 Cd 含量及 Cd 在茎—土之间的转运控制，并受土壤有效态 Cd 含量和土壤 pH 的调控，但早晚稻上的调控存在一定差异。

表 6.4　早、晚稻稻米 Cd 含量与茎 Cd 含量、土壤有效态 Cd 含量、土壤 pH 及 Cd 转运系数间的相关系数

项　目		茎 Cd 含量	$TF_{米/茎}$	$TF_{茎/土}$	土壤有效态 Cd 含量	土壤 pH
稻米 Cd 含量	早稻	0.662**	−0.19	0.633**	0.300*	0.039
	晚稻	0.781**	0.103	0.670**	0.221	−0.372**

注　* 表示在 $p=0.05$ 水平上显著相关；** 表示 $p=0.01$ 水平上显著相关。

6.2.2.6　土壤调理剂的聚类分析

对 15 个土壤调理产品（含石灰）降低早、晚稻稻米 Cd 含量及土壤有效态 Cd 含量、土壤 pH 及 Cd 转运系数进行强制聚类分析。结果表明（表 6.5），早稻中，3 类土壤调理剂的稻米 Cd 含量聚类中心值相同，可能是土壤调理剂处理间稻米 Cd 含量无显著差异所致。晚稻施用土壤调理剂处理间的稻米 Cd 含量差异明显，第 1 类为稻米降 Cd 效果较明显的产品，稻米 Cd 含量仅 0.24mg/kg，表现为较低的茎 Cd 含量、$TF_{茎/土}$，以及较高的土壤 pH 和 $TF_{米/茎}$，主要是依靠提升土壤 pH，抑制土壤 Cd 活性，减少土壤 Cd 向茎叶中的迁移转运；第 2 类则表现为中等稻米降 Cd 效果，稻米 Cd 含量为 0.39mg/kg，中等的茎 Cd 含量、土壤 pH、$TF_{茎/土}$ 和 $TF_{米/茎}$，其作用机制既有第 1 类的提升土壤 pH 的作用，也有第 3 类抑制水稻体内 Cd 转运的效果，但可能受用量及原材料的影响，降 Cd 效果有待增强；第 3 类为降 Cd 效果一般的产品类型，稻米 Cd 含量为 0.42mg/kg，主要表现为较高的茎 Cd 含量、$TF_{茎/土}$，及较低的土壤 pH 和 $TF_{米/茎}$，主要是水稻吸收土壤调理剂中的中微量元素等活性成分，并在水稻体内与 Cd 产生拮抗或者共沉淀的作用，抑制水稻茎中的 Cd 向米中迁移和再分配，从而降低稻米 Cd 含量。

表 6.5　基于强制聚类的早、晚稻聚类分类及各指标的聚类中心

聚 类 指 标	早稻			晚稻		
	第 1 类	第 2 类	第 3 类	第 1 类	第 2 类	第 3 类
稻米 Cd 含量/(mg/kg)	0.31	0.31	0.31	0.24	0.39	0.42
茎 Cd 含量/(mg/kg)	1.87	1.41	1.00	0.88	1.71	2.04

续表

聚类指标	早稻			晚稻		
	第1类	第2类	第3类	第1类	第2类	第3类
$TF_{米/茎}$	0.18	0.24	0.33	0.32	0.24	0.21
$TF_{茎/土}$	23.54	19.64	13.18	13.92	28.03	44.22
土壤有效态Cd含量/(mg/kg)	0.08	0.07	0.08	0.07	0.06	0.05
土壤pH	6.30	6.18	6.13	6.06	5.94	5.87

6.2.2.7 讨论

土壤调理剂一般由碱性矿物质、工业副产品、有机物料或微生物等加工而成，其原料可能是其中的一种或多种。有的可在一定程度上调理土壤酸度，提高土壤pH，降低土壤重金属Cd活性，并在一定程度上改良作物生长环境，起到促进作物生长并降低农作物对Cd吸收的作用；有的则含大量Si、P、K、Ca、Mg、Mn、Zn及其他微量元素等，可给农作物提供养分的同时与土壤中的重金属Cd等产生拮抗或络合作用，从而降低农作物对Cd的吸收转运；有的则可通过增加土壤有机质含量，提高土壤对重金属的吸附性能，扩大土壤环境容量，从而减少土壤中重金属Cd等被植物的吸收利用；但更多的土壤调理剂同时具备以上3种作用。本章中选择的土壤调理剂可有效降低稻米和茎Cd含量，减少水稻对Cd的吸收累积，但不同土壤调理剂之间的降Cd效果存在较大差异，而其降Cd效果在早、晚稻间相对稳定，表明土壤调理剂的降Cd效果与土壤调理剂类型、功效等存在较大关联；土壤调理剂降低稻米Cd含量的作用机制，有的以碱性钝化效果为主，有的以离子拮抗和络合效果为主，有的以环境扩容为主，但所有土壤调理剂皆兼顾有另外两种功效。本章以稻米Cd含量、茎Cd含量、土壤有效态Cd含量、土壤pH及Cd的转运系数等指标对土壤调理剂（含石灰）进行聚类，但由于本章采用的土壤调理剂皆是在前期筛选出的稻米降Cd效果较好的产品，所有的产品皆是带有多种功能的复合型产品，只是产品的重心有所侧重，简单的选择其提升土壤pH、降低土壤有效态Cd含量、抑制Cd在土壤—水稻系统的迁移转运效果及再分配过程，很难对其进行精准分类。虽然不同土壤调理剂抑制水稻吸收转运Cd的机制侧重点不同，但选择的土壤调理剂在早、晚稻中皆表现出极为稳定的稻米降Cd效果，如果扩大土壤调理剂的筛选范围（包括效果不太好的产品）、拓宽实验条件（不同土壤类型、土壤pH等），增加分类与评价指标（如增加土壤调理剂的理化性状及有效成分等），完全可能建立Cd污染土壤专用的修复产品评价体系，可为土壤调理剂在Cd污染土壤中的修复治理及降Cd专用土壤调理剂产品的研发提供科学依据。

6.2.3 小结

土壤调理剂具有一定的增产作用，但土壤调理剂降低稻米Cd含量的效果存在较大差异，而降低稻米Cd含量的效果相对稳定，且降低水稻茎Cd含量的效果与降低稻米Cd含量的趋势相同。聚类分析结果表明，土壤调理剂主要有3类：①依靠提升土壤pH，抑制土壤Cd活性，减少土壤Cd向茎叶中的迁移转运与再分配；②主要在水稻体内产生拮抗或者共沉淀的作用，抑制水稻茎中Cd向米中的迁移和再分配；③降Cd机制则是前两类的效果兼而有之。

6.3 叶面阻控技术研究

在元素周期表中，Zn 与 Cd 属同一族元素，具有相同的核外电子构型，化学性质相似，是土壤 Cd 吸附位点和植株吸收与转运过程中的主要竞争者。Zn 是各种生物体必需的重要微量元素，在体内发挥着重要的生理作用，被称为人体的智慧元素（Dhankhar et al., 2012）。关于 Cd-Zn 交互作用的植物效应已经有了比较深入的研究，Cd-Zn 交互作用既有协同的一面（He et al., 2004；Nan et al., 2002），也有拮抗的一面（Cakmak et al., 2000；Jalil et al., 1994；Khoshgoftar et al., 2004；谢运河 等，2015），还存在加和作用（周启星 等，1994）。Adiloglul（2002）研究表明施 Zn 可降低谷类作物 Cd 的累积，而在缺 Zn 土壤上施 Zn 使 Cd 的累积增加；曲荣辉等（2016）通过水培实验研究也表明，在中低剂量的 Cd 污染条件下，Zn、Cd 间存在明显的拮抗作用；索炎炎等（2012）研究表明在 Cd 低浓度（土壤 Cd 含量 2.5mg/kg）下叶面喷施 Zn 增加了糙米 Cd 含量，而高浓度（土壤 Cd 含量 5.0mg/kg）下却显著降低了稻米 Cd 含量；可见，Cd-Zn 交互作用因作物品种、Cd 含量、Zn 含量的不同存在较大差异。

6.3.1 材料与方法

6.3.1.1 供试材料

供试土壤为花岗岩发育的麻砂泥水稻土，地处长沙县北山镇（28°26′38″N，113°03′50″E），双季稻种植。土壤 pH 为 5.17，土壤总 N 含量为 2.75g/kg，总 P 含量为 1.12g/kg，总 K 含量为 30.6g/kg，有机质含量为 30.1g/kg，碱解 N 含量为 217mg/kg，有效态 P 含量为 29.6mg/kg，速效 K 含量为 188mg/kg。土壤总 Cd 含量为 0.96mg/kg，土壤有效态（1mol/L 乙酸铵提取）Cd 含量为 0.34mg/kg；土壤总 Zn 含量为 77.5mg/kg，土壤有效态（1mol/L 乙酸铵提取）Zn 含量 3.44mg/kg。

供试水稻：晚稻品种为湖南省杂交水稻研究中心选育的三系杂交中熟晚籼丰源优 299。

供试 Zn 肥：$ZnSO_4 \cdot 7H_2O$（化学纯），溶水后稀释 500 倍喷施。

6.3.1.2 实验方法

实验设 5 个处理，3 次重复，小区面积为 $30m^2$，随机排列，外设保护区，小区间田埂采用塑料薄膜铺盖至田面 20cm 以下。各小区单灌单排，避免串灌串排。所有处理的 N、P_2O_5、K_2O 施用量分别为 $150kg/hm^2$、$120kg/hm^2$、$120kg/hm^2$，采用当地习惯进行水分及病虫害管理，Zn 肥选择阴天或无风多云天气的上午 7：00—10：00 喷施。5 个处理分别为：

(1) CK：常规施肥＋喷施清水。

(2) P1：常规施肥＋水稻苗期（移栽后 15d）喷施 Zn 肥（以 $ZnSO_4$ 计，下同）$3kg/hm^2$。

(3) P2：常规施肥＋水稻分蘖初期（移栽后 30d）喷施 Zn 肥 $3kg/hm^2$。

(4) P3：常规施肥＋水稻分蘖盛期（移栽后45d）喷施 Zn 肥 3kg/hm²。

(5) P4：常规施肥＋水稻孕穗期（移栽后60d）喷施 Zn 肥 3kg/hm²。

6.3.1.3 检测分析方法

植株 Cd、Zn 含量：称过筛粉碎样 0.3g 于消煮管中，采用 HNO_3-H_2O_2 微波消煮混合液，定容后过滤，稀释 20~100 倍后用 ICP-MS 测定溶液 Cd、Zn 浓度；ICP-MS 检测采用铑（Rh）做内标，回收率为 90%~105%。

6.3.1.4 数据处理方法

Cd、Zn 在水稻地上部各个部位之间的迁移情况用转移系数（TF）表示：

$$TF_{x-y} = \frac{C_y}{C_x} \tag{6.1}$$

式中：TF_{x-y} 为 Cd、Zn 从 x 到 y 之间的转移系数；x 和 y 分别为水稻地上部的某一部位，如米、茎、叶；C_x、C_y 分别为两个部位中 Cd、Zn 的浓度。

Cd、Zn 在土壤-水稻系统各个部位的相互作用情况用拮抗系数（AF）表示：

$$AF_{Zn/Cd} = C_{Zn}/C_{Cd} \tag{6.2}$$

式中：$AF_{Zn/Cd}$ 为 Cd、Zn 在 x 处的拮抗系数，x 为水稻地上部的米、茎、叶；C_{Zn}、C_{Cd} 分别为该部位中 Cd、Zn 的浓度。

数据处理：采用 SPSS 17.0 及 Microsoft Excel 2003 进行数据的统计分析。

6.3.2 结果与分析

6.3.2.1 不同时期喷施 Zn 肥对水稻产量的影响

测定成熟期水稻产量结果表明（图 6.7），喷施 Zn 肥可提高水稻产量。常规施肥对照的水稻产量为 5116.51kg/hm²，而苗期、分蘖初期、分蘖盛期、孕穗期喷施 Zn 肥的水稻产量分别比常规施肥对照增产 1.03%、2.17%、2.15% 和 1.82%，但差异皆不明显。

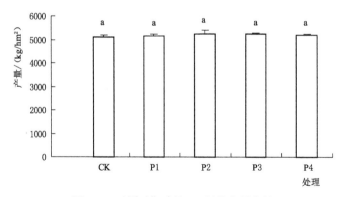

图 6.7 不同时期喷施 Zn 肥的水稻产量

6.3.2.2 不同时期喷施 Zn 肥对水稻 Cd、Zn 含量的影响

测定水稻成熟期米、茎、叶 Cd 含量结果表明（图 6.8），喷施 Zn 肥可降低米、茎 Cd 含量，且不同时期喷施降低米、茎 Cd 含量的效果差异显著，其降低效果随喷施时间的后移而增加；而喷施 Zn 肥对叶 Cd 含量无明显影响。

6.3 叶面阻控技术研究

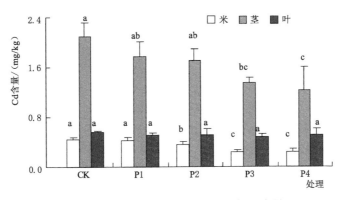

图 6.8 不同时期喷施 Zn 肥的水稻 Cd 含量

与对照相比，苗期、分蘖初期、分蘖盛期、孕穗期喷施 Zn 肥的米 Cd 含量分别降低了 3.82%、19.88%（$p<0.05$）、45.85%（$p<0.05$）和 47.52%（$p<0.05$），茎 Cd 含量分别降低了 15.44%、18.21%、35.88%（$p<0.05$）和 41.62%（$p<0.05$）。苗期喷施 Zn 肥对水稻米、茎 Cd 含量皆无显著影响，表明苗期喷施 Zn 肥对水稻 Cd 吸收的影响不明显；分蘖初期喷施 Zn 肥可显著降低米 Cd 含量，其降低效果低于分蘖盛期和孕穗期喷施，且其降低茎 Cd 含量的效果不明显；分蘖盛期和孕穗期喷施 Zn 肥可显著降低米、茎 Cd 含量，两个时期喷施 Zn 肥降低水稻 Cd 含量的差异不明显。可见，从降低水稻对 Cd 的吸收累积看，分蘖盛期和孕穗期是喷施 Zn 肥降低水稻 Cd 含量的较佳时期。

测定水稻成熟期米、茎、叶 Zn 含量结果表明（图 6.9），喷施 Zn 肥可显著增加米、茎、叶 Zn 含量，不同器官间 Zn 含量表现为叶＞茎＞米，且米、茎、叶 Zn 含量随 Zn 肥喷施时间的后移而增加。

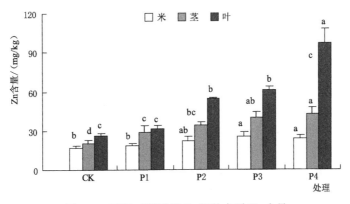

图 6.9 不同时期喷施 Zn 肥的水稻 Zn 含量

与对照相比，苗期、分蘖初期、分蘖盛期、孕穗期喷施 Zn 肥的米 Zn 含量分别增加了 5.47%、25.61%、49.27%（$p<0.05$）和 34.79%（$p<0.05$），茎 Zn 含量分别增加了 41.65%（$p<0.05$）、65.22%（$p<0.05$）、95.24%（$p<0.05$）和 108.33%（$p<$

0.05）；叶Zn含量分别增加了20.12%、104.72%（$p<0.05$）、1129.38%（$p<0.05$）和266.41%（$p<0.05$）。可见，除苗期喷施Zn肥对水稻米Zn、叶Zn含量无显著影响外，其余时期喷施Zn肥皆可显著提高水稻米、茎、叶Zn含量，且随Zn肥喷施时间的后移，水稻对Zn的吸收累积能力增强。

6.3.2.3 喷施Zn肥对水稻转运Cd、Zn和Zn-Cd拮抗作用的影响

以米、叶Cd、Zn含量与茎Cd、Zn含量的比值计算Cd、Zn的转运系数（$TF_{茎/米}$、$TF_{茎/叶}$）表明（表6.6），喷施Zn肥对Cd的$TF_{茎/米}$系数无显著影响，而Cd的$TF_{茎/叶}$系数则随Zn肥喷施时期的后移逐渐增大。表明水稻从茎向米转运Cd的能力相对稳定，米Cd含量主要受茎Cd含量的影响；水稻从茎向叶转运Cd的能力随Zn肥喷施时间的后移而增强，叶对Cd的吸收与叶Zn向茎的转运呈现出协同效应，但由于随Zn肥喷施时间的后移，茎Cd含量显著下降，虽然茎Cd向叶的转运能力增强，但转运时间缩短，叶Cd含量并没有明显的增加。

表6.6 不同时期喷施Zn肥的水稻Cd、Zn转运系数及拮抗系数

处理	$TF_{茎/米}$		$TF_{茎/叶}$		$AF_{Zn/Cd}$		
	Cd	Zn	Cd	Zn	米	茎	叶
CK	0.22a	0.86a	0.27b	1.30bc	38.55c	9.88c	47.95c
P1	0.25a	0.64ab	0.29b	1.12c	42.62c	16.89bc	62.93c
P2	0.21a	0.64ab	0.30ab	1.61b	61.00b	19.98b	107.71b
P3	0.18a	0.65ab	0.36ab	1.53b	106.48a	30.06a	128.00b
P4	0.22a	0.56b	0.46a	2.29a	100.10a	36.75a	189.98a

喷施Zn肥降低了Zn的$TF_{茎/米}$系数，但增加了$TF_{茎/叶}$系数（除P1外），且不同喷施时期间的Zn的$TF_{茎/米}$无明显差异，而Zn的$TF_{茎/叶}$系数随喷施时期的推迟呈增加趋势。可能是喷施的Zn主要靠叶吸收，并通过叶片逐渐向茎、米转移，而随时间的后移，水稻生长加快，吸收能力增强，但叶Zn向茎、米转运时间缩短，转运量占叶片吸收量的比重逐渐降低，叶向茎转运Zn的量高于茎向米转运Zn的量，从而出现Zn的$TF_{茎/米}$系数与$TF_{茎/叶}$系数随Zn肥喷施时期后移呈现不同的变化趋势。

以米、茎、叶中Zn/Cd含量的比值计算水稻地上部器官中的Zn、Cd拮抗系数（$AF_{Zn/Cd}$）表明（表6.6），米、茎、叶的$AF_{Zn/Cd}$系数皆随Zn肥喷施时间的延迟逐渐增大，且叶>米>茎。叶是Zn肥喷施吸收累积Zn的最主要器官，其Zn-Cd拮抗系数随喷施时间的后移逐渐增加，主要是叶对Zn的吸收累积能力增大所致；而米、茎的$AF_{Zn/Cd}$系数随Zn肥喷施逐渐增大的主要原因是Zn通过叶转运至水稻茎、米甚至根部与Cd产生拮抗作用，抑制了水稻对Cd的吸收，其抑制能力随Zn肥喷施时期的推后而增强，且Zn对米吸收Cd的拮抗能力高于茎。

6.3.2.4 水稻Cd、Zn吸收与水稻Cd、Zn转运及拮抗作用间的关联

分析水稻Cd、Zn吸收间的相关性表明（表6.7），米Cd含量与茎Cd含量极显著正相关，叶Cd含量与米、茎Cd含量皆相关不明显，表明Zn肥喷施下米Cd含量与茎Cd含量的高低直接相关；米Cd含量、茎Cd含量皆与米、茎、叶Zn含量呈极显著负相关，

6.3 叶面阻控技术研究

而叶 Cd 含量与米、茎、叶 Zn 含量皆相关不显著,表明米、茎 Cd 含量与 Zn 含量存在显著的拮抗作用,水稻对 Zn 的吸收可显著降低茎、米 Cd 含量。

表 6.7　不同时期喷施 Zn 肥下水稻 Cd、Zn 含量间的相关系数

项目	$Cd_{茎}$	$Cd_{叶}$	$Zn_{米}$	$Zn_{茎}$	$Zn_{叶}$
$Cd_{米}$	0.75**	0.16	−0.65**	−0.90**	−0.84**
$Cd_{茎}$		0.07	−0.69**	−0.75**	−0.76**
$Cd_{叶}$			−0.09	−0.25	−0.04

注　$Cd_{米}$ 为米 Cd 含量,$Cd_{茎}$ 为茎 Cd 含量,$Cd_{叶}$ 为叶 Cd 含量,$Zn_{米}$ 为米 Zn 含量,$Zn_{茎}$ 为茎 Zn 含量,$Zn_{叶}$ 为叶 Zn 含量。* 表示在 0.05 水平上差异显著,** 表示在 0.01 水平上差异显著。

分析水稻 Cd 含量与 Cd、Zn 转运系数及拮抗系数间的相关性表明(表 6.8),水稻米、茎、叶 Cd 含量与 Cd 的 $TF_{茎/米}$ 系数相关不显著,而米、茎、叶 Cd 含量与 Zn 的 $TF_{茎/米}$ 系数皆呈正相关,但茎、叶 Cd 含量与 Zn 的 $TF_{茎/米}$ 系数相关不显著,表明水稻对 Cd、Zn 的吸收能力呈正相关;而米、茎 Cd 含量与 Cd、Zn 的 $TF_{茎/叶}$ 系数皆呈显著或极显著负相关,而叶 Cd 含量与其呈正相关,但相关不显著,表明水稻由茎向米、叶中转运 Cd、Zn 能力越强,水稻茎、米中的 Cd 含量越低,而叶 Cd 含量则受其影响不明显;米、茎 Cd 含量与米、茎、叶 $AF_{Zn/Cd}$ 系数皆呈极显著负相关,而叶 Cd 含量与之相关不显著,表明 Zn/Cd 比值越大,Cd、Zn 拮抗作用越大,水稻茎、米中 Cd 含量越低,水稻对 Cd 的吸收累积越少。

表 6.8　不同时期喷施 Zn 肥下水稻 Cd 含量与 Cd、Zn 转运系数及拮抗系数间的相关系数

项目	$TF_{茎/米}$		$TF_{茎/叶}$		$AF_{Zn/Cd}$		
	Cd	Zn	Cd	Zn	米	茎	叶
$Cd_{米}$	0.47	0.62*	−0.54*	−0.63*	−0.96**	−0.84**	−0.84**
$Cd_{茎}$	−0.20	0.43	−0.85**	−0.64*	−0.77**	−0.95**	−0.70**
$Cd_{叶}$	0.09	0.28	0.38	0.08	−0.14	−0.09	−0.35

注　** 表示在 0.01 水平上差异显著,* 表示在 0.05 水平上差异显著。

6.3.2.5　讨论

水稻生长呈先慢后快再慢的 S 形曲线,其在苗期生长较为缓慢,对营养的需求较少,吸收能力较弱(张喜成,2011),苗期喷施 Zn 肥对水稻 Cd、Zn 含量的影响不明显,而随水稻生长的加快,水稻生物量加大,吸收能力增强,水稻叶片对喷施的 Zn 吸收能力和转运能力增强,显著提高了水稻叶、茎、米的 Zn 含量,但由于叶是吸收 Zn 的主要器官,其吸收的 Zn 向茎、米甚至根部转移,满足了水稻对 Zn 的需求,水稻从土壤中吸收 Zn 的量减少,而根系运输 Zn 和运输 Cd 的载体和离子通道基本相同(华珞 等,2002),水稻对 Zn 吸收减少的同时也会降低水稻对 Cd 的吸收。而在水稻体内,Zn 由叶向茎中转移,Cd 则由茎向叶中转运,两者间方向相反,Zn、Cd 间表现为协同作用;叶 Zn 向茎转运时虽然增强了茎 Cd 向叶的转运能力,但由于随喷施时期的推迟,水稻对 Cd 的吸收总量减少,转运至水稻叶中的 Cd 有限,使得叶 Cd 含量并没有出现较大的变化;而 Zn、Cd

在水稻茎、米中表现出显著拮抗作用，随 Zn 向茎、米转运量的增加，茎、米 Cd 含量显著下降。

相关分析结果也表明，水稻对 Cd、Zn 的转运能力成正比，也表明水稻吸收 Cd 能力增强的同时吸收 Zn 的能力也得到增强；水稻米 Cd 含量与茎 Cd 含量呈极显著正相关，表明只有从源头控制了水稻对 Cd 的吸收才能真正实现稻米中 Cd 含量的安全；分析结果还表明，米、茎 Cd 含量与米、茎、叶 $AF_{Zn/Cd}$ 系数皆呈极显著负相关，表明 Zn/Cd 比值越大，Cd、Zn 拮抗作用越大，水稻对 Cd 的吸收累积越少，水稻茎、米中 Cd 含量越低。可见，水稻米 Cd 含量与茎 Cd 含量直接相关，但同时受 Zn-Cd 拮抗作用的调节，茎 Cd 含量决定了米 Cd 含量的容量，而 Zn-Cd 拮抗作用则对米 Cd 含量起调控作用，这与 Christensen (1987)、Bunluesin (2007)、宋正国等 (2008) 的研究结果一致，Cd-Zn 交互作用主要受 Zn/Cd 比的影响，Zn/Cd 比与水稻 Cd 吸收呈显著负相关。

可见，分蘖盛期和孕穗期喷施 Zn 肥降低水稻 Cd 吸收的效果较理想，苗期喷施的效果较差。但由于叶面喷施 Zn 肥受天气、水稻品种、土壤 Zn/Cd 含量水平、喷施均匀度等多因素的影响，喷施效果存在较大差异，本章仅对水稻孕穗期之前不同时期进行了喷施实验，不同时间段的组合喷施、孕穗期以后喷施、外界环境对水稻降 Cd 效果的影响均有待系统研究。

6.3.3 小结

喷施 Zn 肥可显著提高水稻叶、茎、米 Zn 含量，降低水稻对 Cd 的吸收，其效果皆随喷施时间的后移而增加，分蘖盛期和孕穗期喷施 Zn 肥降低稻米 Cd 含量的效果最明显；喷施 Zn 肥条件下，水稻米、茎、叶的 Cd、Zn 间皆存在显著的拮抗作用，米 Cd 含量主要由茎 Cd 含量决定，但受 Zn-Cd 拮抗作用的调控。

第7章 重金属污染土壤修复产品研发与技术优化

重金属 Cd 污染土壤的治理，通常采用改土法、电化法等工程措施，调节土壤水分状况、增施有机肥、施用土壤调理剂等农艺调控措施及植物修复等技术措施。工程治理措施往往因工程量大、费用高，并且有可能对土壤生态功能造成破坏而受到限制，而生物修复技术措施虽然绿色环保，但因修复时间较长而难以满足现实需求。施用赤泥、石灰等土壤调理剂治理 Cd 污染土壤的原位化学固定修复技术，因其简便、快速、高效等优点，是修复大面积 Cd 污染农田的较好选择（Elouear et al.，2014；刘昭兵 等，2010）。但由于石灰等碱性材料的大量施用会引起土壤结构变差、破坏土壤肥力，减少作物对 N、P、K 等养分的吸收（何电源，1989），而有机质源调理剂具有作用温和、钝化土壤重金属的同时进行土壤提质等优点（施培俊 等，2016），尤其是有机-无机钝化剂联合修复的效果明显（纪艺凝 等，2017；谢运河 等，2014；薛毅 等，2018）。因此，研究开发有机类钝化剂对于构建重金属污染土壤修复技术体系、保障粮食质量安全具有重要的现实意义。

施用 N 肥是我国水稻生产中一项必不可少的增产措施。当前，我国水稻施氮量居高不下，既导致了肥料的浪费，也易引起环境污染。大量研究表明（姜琴 等，2006；李录久 等，2013；钱忠龙，2007；乔俊 等，2011；俞映倞 等，2013；赵冬 等，2011），我国水稻生产采用适当的氮肥减量措施，以及施用有机肥或种植绿肥替代化肥的形式，以提高氮肥利用率和收获指数，确保水稻产量不减甚至增产，并降低因氮肥流失造成的环境污染风险。此外，氮肥进入土壤后会与土壤发生反应或产生自身形态转化，并在施肥点及其肥料扩散半径内影响土壤理化性质，从而影响土壤中 Cd 的生物有效性（Tsadilas et al.，2005；Mair et al.，2002；Klang-Westin et al.，2002），Eriksson（1990）发现施用氮肥增加了土壤 Cd 活性，促进植物 Cd 吸收，Mitchell 等（2000）和 Gray 等（2002）发现，土壤 Cd 的生物有效性随氮肥施用量的增加而增加。可见，氮肥减量是我国目前水稻生产的一项重要技术措施，施用土壤调理剂也是中轻度 Cd 污染稻田稻米安全生产的重要途径。

7.1 硅基钝化剂降 Cd 产品研发

该产品主要利用硅活化技术、碱性肥料缓释技术等，对现有产品进行技术改良，并通过原材料配方优化，研发出具有广适高效、价格低廉、施用简单的钝化剂产品。产品具体研究包括以下几个方面的内容，具体研究技术路线见图 7.1。

7.1.1 碳基硅活化资源筛选

通过盆栽实验对水稻、桂牧一号、黑麦草、玉米、番茄、黄瓜、冬瓜等作物的硅含量进行调研，测定结果表明（图 7.2）：不同作物类型硅含量总体趋势为禾本科作物硅含量高于双子叶植物，其中水稻硅含量最高，尤其是水稻叶和谷壳；同一作物中硅含量遵循顶端优势分配规律，越往上的部位其硅含量越高。

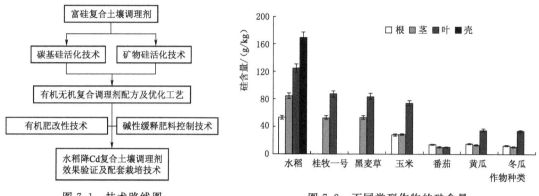

图7.1 技术路线图　　　　图7.2 不同类型作物的硅含量

通过不同水稻品种间的硅含量测定结果表明（图7.3），谷壳、叶、茎之间的硅含量在不同水稻品种间差异不显著，但在根系中差异较大，可能不同水稻品种在成熟期吸收累积硅的能力存在差异所致。也有研究表明，同一水稻品种在不同地点间种植，同一部位的硅含量在不同地点间皆存在显著差异，这可能受水稻种植土壤硅丰缺程度的影响。

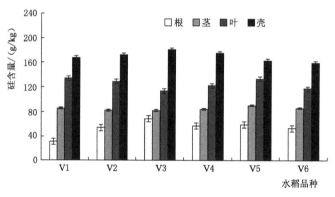

图7.3 不同水稻品种的硅含量

可见，不同作物中硅含量总体上呈顶端优势分配规律，且禾本科硅含量高，尤其是水稻，且水稻品种间硅含量的差异受品种吸硅能力和土壤硅丰缺程度等因素的影响。

7.1.2 碳基活化硅工艺优化

采用谷壳、炭化谷壳、炭化稻草等为原料，利用水与碱反应产生的热量配合加热等手段，研究碱激活硅活性、不同激活工艺程序对谷壳、谷壳灰、炭化稻草活性硅含量的影响，优化碳基活化硅工艺。

通过炭化稻草、石灰、水的不同配比［炭化稻草∶石灰∶水（T1～T8）分别为1∶0.5∶1、1∶1∶1、1∶2∶1、1∶1∶2、1∶2∶2、1∶0.5∶3、1∶1∶3、1∶2∶3］，

7.1 硅基钝化剂降 Cd 产品研发

测定不同常温下和 90℃恒温下炭化稻草、石灰、水反应后的炭化稻草中活性硅含量（盐酸提取态），结果表明：石灰用量越多（T1 和 T2 和 T3、T4 和 T5、T6 和 T7 和 T8），炭化稻草中活性硅含量越高（图 7.4），表明碱性越强，炭化稻草中活性硅含量越高；水添加量（T2 和 T4、T1 和 T6）对炭化稻草中活性硅含量无显著影响。测定常温反应下混合物的最高反应温度可知，随反应温度的增加，炭化稻草中活性硅含量越高，其反应时间约为 15min。而通过 90℃恒温条件下延长其反应时间，1h 后测定炭化稻草中活性硅含量可知，延长反应时间对炭化稻草中的活性硅含量无显著影响，表明炭化稻草中硅的活化主要受碱浓度的影响，但其反应温度对其也具有一定的调节作用。

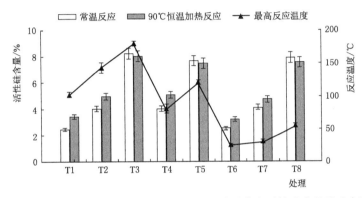

图 7.4 不同炭化稻草、石灰、水配比下的炭化稻草中活性硅含量及反应温度

利用谷壳、炭化谷壳与 NaOH、水的不同配比进行硅的激活实验表明（图 7.5）：谷壳（T1）的活性硅含量基本没有，而谷壳与 NaOH 混合物活性硅含量有 0.3%，表明碱能激活谷壳中的硅；采用谷壳与 NaOH、水不同配比的混合物（T2~T6）表明，NaOH 能提高混合物的活性硅含量，但其激活效率不高，且受水添加量的调节。其原因可能是由于 NaOH 与水反应释放的热量低，加水过多降低了其反应温度，碱的激活效率受到影响。

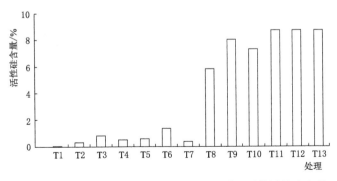

图 7.5 谷壳和炭化谷壳与石灰、水配不同比下的活性硅含量

测定炭化谷壳活性硅含量也仅为 0.3%，但炭化谷壳与 NaOH、水不同配比的混合物（T8~T13）活性硅含量显著提高，表明碱对炭化谷壳硅激活效率较高，且其激活也受水

比例的调节。可见，因原料、碱（石灰、NaOH 等）等的不同，对稻草、谷壳中硅的激活效率也不同，并受水比例的调节。

7.1.3 碳基活化硅材料的稻米降 Cd 效果

选择炭化谷壳、石灰、NaOH、水及硅激活效率高的配比，配制出碳基活性硅调理剂实验产品，并通过盆栽实验对产品的稻米降 Cd 效果进行验证。结果表明（图 7.6），与对照相比，炭化谷壳对稻米和水稻茎叶 Cd 效果含量无显著影响，而采用炭化谷壳与石灰、炭化谷壳与 NaOH 配制的两种碳基活性硅调理剂的稻米 Cd 含量分别比对照降低了 28.7% 和 39.7%，差异极显著；其茎叶 Cd 含量也分别比对照降低了 44.6% 和 41.9%，差异极显著。

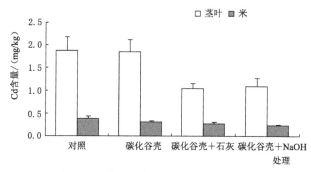

图 7.6 碳基活化硅调理剂的降镉效果

可见，采用炭化谷壳与石灰、炭化谷壳与 NaOH 配制的碳基活性硅调理剂的稻米降 Cd 效果显著，分析其原因主要有以下两点：①炭化谷壳中硅活化后，炭化谷壳活性炭对活性硅具有较好的吸附效果，确保证活性硅的长效，施用后有利于水稻的吸收，抑制水稻对镉的吸收累积；②不管是石灰还是 NaOH，其强碱性也是钝化土壤 Cd 的主要因素。

7.1.4 矿物硅活化工艺

选用 Ca、Na 复合盐与精选后的硅酸盐天然矿物在高温条件下焙烧处理，通过复合盐在高温下的强结合作用，将原矿稳定结构破坏，释放其中的 SiO_2、Al_2O_3、K_2O 等有效成分，得到前驱体。对前述制得的前驱体进行水热活化处理，调控形态，形成柱状、颗粒状等多种形态，Si、Ca 结合成具有纳米尺度微孔结构的活性材料，部分 K^+、Na^+ 残留于孔洞。产品形貌如图 7.7 SEM 照片所示。矿物硅激活材料制备工艺路线如图 7.8 所示。经活化后处理，产品层间布满不规则纳米尺度的孔洞，比表面积大于

图 7.7 产品 SEM 照片

$40m^2/g$，具有重金属离子吸附的潜质；产品还具备一定的供碱释 Ca 能力，pH 可控制在 12 以上；枸溶性有效态 Si 含量大于 20%，有效态 Ca 含量大于 40%，层间可交换 K、Na 总质量不小于 3%。

7.1.5 碳基硅与矿物硅激活材料的互配效果分析

根据碳基硅与矿物硅激活材料的 Si 硅含量、生产性价比等因素，设置不同碳基硅与矿物

7.2 硅基钝化剂对水稻的降 Cd 效果及施用参数优化

硅的适配比例，选择其活性硅含量较高、生产性价比较低的 3 个配方在长沙县北山镇中轻度 Cd 污染稻田（土壤总 Cd 含量为 0.46mg/kg，土壤醋酸铵提取态有效态 Cd 含量为 0.07mg/kg，土壤 pH 为 4.8）进行大田效果验证实验（图 7.9）。

结果表明，富硅复合产品增产效果明显、稻米降 Cd 效果显著。施用石灰、Z1、Z2、Z3 的稻谷产量分别比对照增产 -1.1%、3.9%、12.1% 和 14.1%；稻米 Cd 含量分别比对照降低 22.4%、22.1%、41.4% 和 57.3%；土壤有效态 Cd 含量分别比对照降低 26.0%、22.9%、27.7% 和 53.9%；土壤 pH 分别比对照提高 0.6、0.3、0.9 和 1.0。可见，Z1、Z2、Z3 配方不管是降低稻米 Cd 含量、降低土壤有效态 Cd 含量、增加稻谷产量和提高土壤 pH 等指标上整体优于石灰。尤其是 Z2 和 Z3 处理效果更佳。

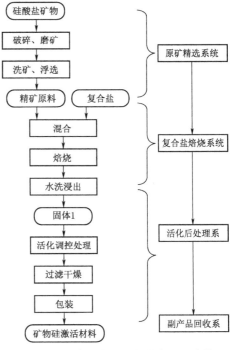

图 7.8 矿物硅激活材料制备工艺路线

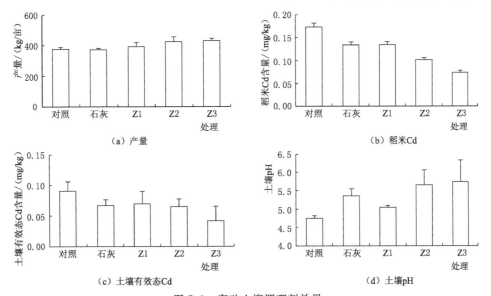

图 7.9 富硅土壤调理剂效果

7.2 硅基钝化剂对水稻的降 Cd 效果及施用参数优化

原位钝化修复技术因成本较低、操作简单、见效快，适合大面积中轻度重金属污染土壤治理，受到环境工作者的广泛关注（Jurate et al.，2008；王立群 等，2009）。黏土矿物、生物炭、有机物料等是原位钝化修复技术常用的钝化剂（Elouear et al.，2014；刘昭兵 等，2010；谢运河 等，2015），但在实际应用过程中，不同 Cd 污染特征的土壤施用钝化剂的效果存在较大差异，为探明钝化剂在不同 Cd 污染特征稻田中的钝化效果，本章选择长株潭地区比较典型的化工点源污染、污水灌溉污染、大气沉降污染 3 种不同的 Cd 污染特征稻田，以石灰和常规施肥为对照，利用活化天然黏土矿物复配改性有机物的碱性有机钝化剂研究钝化剂不同用量对稻田土壤 Cd 形态、水稻 Cd 含量的影响，为农田 Cd 污染钝化修复治理提供科学依据。

7.2.1 材料与方法

7.2.1.1 供试材料

3 种典型 Cd 污染特征稻田基本情况如下。

（1）北山：化工企业点源污染实验点。位于长沙县北山镇（N28°26′22.7″，E113°3′28.4″），为花岗岩发育的麻砂泥水稻土，双季稻种植，土壤总 N 含量为 3.08g/kg，总 P 含量为 0.92g/kg，总 K 含量为 29.8g/kg，碱解 N 含量为 107mg/kg，有效态 P 含量为 30.8mg/kg，速效 K 含量为 125mg/kg，pH 为 5.2，有机质含量为 30.7g/kg，阳离子交换量为 10.8cmol（+）/kg，土壤总 Cd 含量为 0.43mg/kg，土壤 DTPA 提取态 Cd 含量为 0.22mg/kg。污染原因为 20 世纪 80—90 年代上游化工厂排污通过灌溉引起下游农田 Cd 污染。水稻品种为湘晚籼 12 号。

（2）梅林桥：大气沉降面源污染实验点。位于湘潭县梅林桥镇（N27°46′9.80″，E112°56′52.93″），为第四纪红壤发育水稻土，双季稻种植，土壤总 N 含量为 2.96g/kg，总 P 含量为 0.57g/kg，总 K 含量为 21.3g/kg，碱解 N 含量为 272mg/kg，有效态 P 含量为 34.2mg/kg，速效 K 含量为 173mg/kg，pH 为 6.4，有机质含量为 45.8g/kg，阳离子交换量为 12.7cmol（+）/kg，土壤总 Cd 含量为 0.84mg/kg，土壤 DTPA 提取态 Cd 含量为 0.29mg/kg。主要污染原因是湘潭及株洲工业废气经大气沉降所致。水稻品种为湘晚籼 13 号。

（3）大同桥：污水灌溉面源污染实验点。位于攸县大同桥镇（N27°8′25.21″，E113°22′15.92″），为河流冲积物发育的酸性潮泥田，双季稻种植，土壤总 N 含量为 2.37g/kg，总 P 含量为 0.66g/kg，总 K 含量为 24.6g/kg，碱解 N 含量为 219mg/kg，有效态 P 含量为 22.4mg/kg，速效 K 含量为 149mg/kg，pH 为 5.0，有机质含量为 46.5g/kg，阳离子交换量 11.9cmol（+）/kg，土壤总 Cd 含量为 0.42mg/kg，土壤 DTPA 提取态 Cd 含量为 0.15mg/kg。主要污染原因是攸县工矿企业污水流入农田或通过河流湖泊并经灌溉引起稻田土壤 Cd 污染。水稻品种为湘晚籼 12 号。

供试钝化剂：为宇丰农科生态工程股份有限公司提供的"宇丰"土壤调理剂，主要通过改良土壤酸性和提供活性 Si、Zn 等物质，降低土壤重金属活性和阻控重金属在土壤和水稻植株中迁移，降低水稻对重金属 Cd 的吸收累积。产品主要技术参数：pH 为 12.2，总 CaO 含量为 37.2%，总 SiO_2 含量为 18.4%，有效态 SiO_2 含量为 3.1g/kg，Zn 含量为 4.5%，有机质含量为 17.0%，水分含量为 3.9%。产品 Cd、As、Cr、Pb、Hg 含量分别为 0.34mg/kg、7.3mg/kg、48.4mg/kg、22.2mg/kg、1.7mg/kg。

供试石灰：由宇丰农科生态工程股份有限公司提供，石灰 CaO 含量为 69.4%，Cd、

As、Cr、Pb、Hg 含量分别为 0.07mg/kg、9.6mg/kg、15.3mg/kg、11.9mg/kg、0.6mg/kg。

7.2.1.2 实验方法

在北山、梅林桥、大同桥同时进行田间小区实验。实验设 6 个处理，3 次重复，小区面积 20m^2，随机区组排列，外设保护行。小区间用铺塑料薄膜的土埂隔开，各小区单排单灌，各处理施肥量及施肥方法相同，皆为基施 22 - 10 - 13 复合肥（益稼裕民）600kg/hm^2，不追肥。

处理 1：CK，对照。

处理 2：CKCa，施石灰 1500kg/hm^2。

处理 3：T1，施钝化剂 750kg/hm^2。

处理 4：T2，施钝化剂 1125kg/hm^2。

处理 5：T3，施钝化剂 1500kg/hm^2。

处理 6：T4，施钝化剂 2250kg/hm^2。

钝化剂和石灰于插秧前 1 周均匀撒入土壤并充分混匀。按当地习惯进行水肥及病虫害管理。于水稻成熟期按五点采样方法采取土壤和植株样品进行相关指标分析。

7.2.1.3 分析方法

土壤有效态 Cd 含量：称 10g 过 20 目筛的土样，加入 DTPA - TEA - CaCl$_2$ 浸提液（土∶水＝1∶5）50mL，振荡 2h 后过滤，稀释 20 倍后用 ICP - MS（ICAP Q，Thermo Fisher Scientific）测定溶液 Cd 含量。

土壤总 Cd 含量：称过 100 目筛的土样 0.3g 于消煮管中，采用 HNO$_3$ - H$_2$O$_2$ - HF 微波消煮，定容后过滤，用 ICP - MS 测定溶液 Cd 浓度。

水稻糙米及植株 Cd 含量：称样 0.3g 于消煮管中，分别加入 HNO$_3$ 5mL、H$_2$O$_2$ 1mL，微波消解，定容后过滤，用 ICP - MS 测定 Cd 含量。

为确保数据的可靠性和稳定性，植株 Cd 含量测定时每 5 个样品做 1 个平行，每 40 个样带 1 个质控样 GSB - 23（湖南大米）；ICP - MS 检测采用铑（Rh）做内标，回收率为 90%～105%。

数据处理：采用 SPSS 17.0 及 Microsoft Excel 2003 进行数据的统计分析。

7.2.2 结果与分析

7.2.2.1 施用钝化剂对水稻产量的影响

由表 7.1 可知，与 CK 相比，北山、梅林桥、大同桥 3 个实验点施用石灰的水稻产量分别比 CK 减产 1.26%、0.73%、1.25%，但差异不显著。施用钝化剂皆增加了水稻产量，且皆随钝化剂施用量的增加呈先增后降趋势，3 个实验点施钝化剂 1500kg/hm^2 的 T3 处理产量最高，北山、梅林桥、大同桥 3 个实验点 T3 处理分别比 CK 增产 6.36%（$p<0.05$）、6.32%（$p<0.05$）和 5.91%（$p<0.05$）。通过 CK、T1～T4 建立二次曲线回归方程（y 为产量，单位为 kg/hm^2；x 为钝化剂施用量，单位为 kg/hm^2）。

北山回归方程：$y=-0.0002x^2+0.6228x+7393.8$，$R^2=0.2432$。

梅林桥回归方程：$y=-0.0003x^2+0.7488x+8806.3$，$R^2=0.5667$。

大同桥回归方程：$y=-0.0001x^2+0.5504x+8306.5$，$R^2=0.3843$。

表 7.1　　3 个实验点不同用量钝化剂的水稻产量　　单位：kg/hm²

处理	北山	梅林桥	大同桥	平均
CK	7462.75ab	8839.35d	8316.62bc	8206.24de
CKCa	7369.83b	8727.84d	8256.00c	8117.89e
T1	7483.07ab	9100.83c	8596.36abc	8393.42cd
T2	7921.08a	9370.77ab	8759.34ab	8683.73ab
T3	7937.43a	9397.97a	8808.54a	8714.65a
T4	7589.17ab	9136.79bc	8780.28ab	8502.08bc

计算可知，北山、梅林桥、大同桥 3 个实验点的理论最高产量分别为 7879kg/hm²、9274kg/hm² 和 9064kg/hm²，对应的钝化剂施用量分别为 1557kg/hm²、1248kg/hm² 和 2752kg/hm²。

7.2.2.2　施用钝化剂对水稻 Cd 含量的影响

由表 7.2 可知，北山、梅林桥、大同桥 3 个实验点 CK 的稻米 Cd 含量皆超过《食品安全国家标准　食品中污染物限量》（GB 2762—2012），其中，梅林桥点稻米 Cd 含量超标 5.00%，北山和大同桥点分别超标 35.00% 和 75.00%。施用石灰在 3 个实验点皆降低了水稻稻米和茎叶 Cd 含量，北山、梅林桥、大同桥 3 个实验点的稻米 Cd 含量分别比 CK 降低 37.00%（$p<0.05$）、65.72%（$p<0.05$）和 13.06%，茎叶 Cd 含量则分别比 CK 降低 44.21%（$p<0.05$）、59.28%（$p<0.05$）和 24.22%（$p<0.05$），降低效果皆为梅林桥＞北山＞大同桥。

表 7.2　　3 个实验点不同钝化剂施用量的水稻稻米与茎叶 Cd 含量　　单位：mg/kg

处理	北山实验点		梅林桥实验点		大同桥实验点	
	稻米	茎叶	稻米	茎叶	稻米	茎叶
CK	0.27a	1.38a	0.21a	0.87a	0.35a	2.14a
CKCa	0.17bc	0.77b	0.07b	0.36d	0.30ab	1.62b
T1	0.18bc	1.11ab	0.09b	0.52b	0.28abc	1.60b
T2	0.20b	0.91ab	0.09b	0.49bc	0.28abc	1.37bc
T3	0.13c	0.67b	0.07b	0.39cd	0.20c	1.24bc
T4	0.15bc	0.63b	0.08b	0.45bcd	0.25bc	1.17c

北山、梅林桥、大同桥 3 个实验点施用钝化剂 750~2250kg/hm² 皆能降低水稻稻米和茎叶 Cd 含量，稻米及茎叶 Cd 含量的降低效果与施用石灰相同，皆为梅林桥＞北山＞大同桥，但施用钝化剂对抑制水稻稻米 Cd 累积和茎叶 Cd 累积的效果不完全相同，稻米 Cd 含量随钝化剂施用量的增加呈先降后增趋势，茎叶 Cd 含量则随钝化剂施用量的增加而降低。3 个实验点皆是 T3 处理的稻米 Cd 含量最低，北山、梅林桥、大同桥 3 个实验点 T3 处理稻米 Cd 含量分别比 CK 下降 51.35%（$p<0.05$）、65.38%（$p<0.05$）和

42.44%（$p<0.05$）。而与施用石灰降低稻米 Cd 含量相比，仅大同桥点施用钝化剂 2250kg/hm² 的稻米 Cd 含量显著低于石处理。以 CK、T1~T4 建立二次曲线回归方程（y 为稻米 Cd 含量，单位为 mg/kg；x 为钝化剂施用量，单位为 1000kg/hm²）。

北山实验点回归方程：$y=0.0297x^2-0.1235x+0.2722$，$R^2=0.6957$。

梅林桥实验点回归方程：$y=0.0503x^2-0.1699x+0.2072$，$R^2=0.8575$。

大同桥实验点回归方程：$y=0.0359x^2-0.1309x+0.3517$，$R^2=0.4597$。

计算可知，北山、梅林桥、大同桥 3 个实验点稻米理论最低 Cd 含量分别为 0.1438mg/kg、0.0637mg/kg、0.2324mg/kg，对应的钝化剂施用量分别为 2079kg/hm²、1823kg/hm²、1689kg/hm²。

7.2.2.2.3 施用钝化剂对土壤 pH 及土壤有效态 Cd 含量的影响

测定成熟期土壤 pH 和土壤有效态 Cd 含量表明（表 7.3），3 个实验点施用石灰皆能显著增加土壤 pH，北山、梅林桥、大同桥 3 个实验点施用石灰的土壤 pH 分别比 CK 增加 0.35（$p<0.05$）、0.45（$p<0.05$）和 0.44（$p<0.05$）个单位；施用钝化剂也能增加土壤 pH，且皆与石灰处理无显著差异，当钝化剂施用量为 1500kg/hm² 或 2250kg/hm² 时，北山、梅林桥、大同桥 3 个实验点的土壤 pH 皆显著高于 CK。

表 7.3 3 个实验点不同钝化剂施用量的土壤 pH、有效态 Cd 含量及土壤 Cd 有效性

处理	土壤 pH			土壤有效态 Cd 含量/(mg/kg)			Cd 有效性/%		
	北山	梅林桥	大同桥	北山	梅林桥	大同桥	北山	梅林桥	大同桥
CK	5.19b	6.43b	4.97b	0.23a	0.30a	0.19a	53.46a	36.04a	44.30a
CKCa	5.54a	6.88a	5.41a	0.21ab	0.28ab	0.16b	49.75ab	33.71ab	39.14b
T1	5.42ab	6.71a	5.15ab	0.22ab	0.30a	0.16b	50.79ab	35.18a	39.15b
T2	5.39ab	6.74a	5.15ab	0.21ab	0.30a	0.17b	48.24ab	35.57a	39.45b
T3	5.63a	6.93a	5.31a	0.19b	0.24b	0.16b	45.23b	28.99b	38.34b
T4	5.62a	6.83a	5.40a	0.19b	0.30a	0.15b	43.46b	35.25a	35.46b

北山、梅林桥、大同桥 3 个实验点施用石灰皆降低了土壤有效态 Cd 含量，大同桥点降低显著；施用钝化剂也降低了土壤有效态 Cd 含量，且土壤有效态 Cd 含量随钝化剂施用量的增加而下降。与 CK 相比，北山点钝化剂施用量为 1500kg/hm² 或 2250kg/hm² 时，土壤有效态 Cd 含量显著低于 CK；梅林桥点仅钝化剂施用量为 1500kg/hm² 时，土壤有效态 Cd 含量显著低于 CK；而大同桥点施用钝化剂的所有处理土壤有效态 Cd 含量皆显著低于 CK。

从土壤 Cd 有效性看，不同地点土壤 Cd 有效性不同，北山＞大同桥＞梅林桥。施用石灰降低土壤 Cd 有效性的效果为大同桥点（-11.65%）＞北山（-6.93%）＞梅林桥（-6.47%），施用钝化剂也呈现出相同趋势。可见，从土壤 Cd 有效性降低效果看，大同桥点施用石灰、钝化剂的效果较好，北山点次之，梅林桥点最差。这可能是梅林桥点土壤为第四纪红壤发育而成，土壤缓冲能力较强，且土壤 Cd 含量较高，导致土壤 Cd 有效性降低更为困难。

以 CK、T1~T4 建立线性方程（y_1 为土壤有效态 Cd 含量，单位为 mg/kg；y_2 为土壤

pH；x 为钝化剂施用量，单位为 1000kg/hm²；** 表示在 0.01 水平极显著相关）如下。

北山线性方程：$y_1 = -0.0204x + 0.2303$，$F = 11.606^{**}$；$y_2 = 0.1964x + 5.2283$，$F = 11.907^{**}$。

梅林桥线性方程：$y_1 = -0.0096x + 0.2981$，$F = 0.520$；$y_2 = 0.1907x + 6.5122$，$F = 15.013^{**}$。

大同桥线性方程：$y_1 = -0.0153x + 0.1825$，$F = 39.547^{**}$；$y_2 = 0.1938x + 4.9767$，$F = 15.772^{**}$。

可见，3 个实验点土壤有效态 Cd 含量与钝化剂施用量呈负相关，其中北山和大同桥点相关极显著；而 3 个实验点土壤 pH 与钝化剂施用量皆呈极显著正相关。表明钝化剂在 3 个地点皆可显著提高土壤 pH 和降低土壤有效态 Cd 含量，但其作用效果不同地点间存在一定差异。

7.2.2.4 水稻 Cd 含量与土壤有效态 Cd 含量、土壤 pH 的相关分析

分析北山、梅林桥、大同桥 3 个实验点的水稻稻米、茎叶及土壤有效态 Cd 含量、土壤 pH 之间的相关性表明（表 7.4），水稻稻米 Cd 含量与水稻茎叶 Cd 含量皆呈极显著正相关，表明水稻茎叶中吸收累积的 Cd 越多，转运至稻米中的 Cd 也越多；3 个实验点的稻米及茎叶 Cd 含量与土壤有效态 Cd 含量呈正相关，但只有大同桥点的茎叶 Cd 含量与土壤有效态 Cd 含量相关极显著，表明水稻吸收累积 Cd 不仅受土壤有效态 Cd 含量的影响，还受许多其他因素的制约。土壤 pH 与水稻稻米 Cd 含量及水稻茎叶 Cd 含量皆呈负相关，其中大同桥实验点稻米 Cd 含量与土壤 pH 相关不显著，水稻茎叶 Cd 含量与土壤有效态 Cd 含量呈显著负相关，表明在大同桥实验点依靠调理土壤 pH 难以有效控制水稻尤其是稻米对 Cd 的吸收累积；而在北山实验点，稻米 Cd 含量与茎叶 Cd 含量皆与土壤 pH 呈显著负相关，表明在北山实验点通过调理土壤 pH 可显著降低稻米及茎叶中的 Cd 含量，显著减少水稻对 Cd 的吸收累积；而在梅林桥实验点，水稻稻米与茎叶 Cd 含量皆与土壤 pH 呈极显著负相关，表明在梅林桥点依靠调理土壤 pH 降低水稻对 Cd 的吸收累积效果最显著。而从土壤有效态 Cd 含量与土壤 pH 的相关性可以看出，3 个实验点的土壤有效态 Cd 含量皆与土壤 pH 呈负相关，但只有梅林桥实验点达到显著水平，表明梅林桥实验点通过调理土壤酸性对土壤有效态 Cd 含量的影响较大，而其余两个实验点通过调理土壤酸性对土壤有效态 Cd 含量的影响相对要小。

表 7.4　3 个实验点水稻稻米与茎叶 Cd 含量与土壤 pH 及土壤有效态 Cd 含量的相关系数

项目	北山实验点			梅林桥实验点			大同桥实验点		
	茎叶 Cd	土壤有效态 Cd	土壤 pH	茎叶 Cd	土壤有效态 Cd	土壤 pH	茎叶 Cd	土壤有效态 Cd	土壤 pH
稻米 Cd	0.63**	0.35	-0.51*	0.93**	0.15	-0.69**	0.65**	0.38	-0.36
茎叶 Cd		0.34	-0.50*		0.18	-0.76**		0.63**	-0.55*
土壤有效态 Cd			-0.45			-0.49*			-0.47

注　** 表示在 0.01 水平（双侧）上显著相关，* 表示在 0.05 水平（双侧）上显著相关。

7.2.3 讨论

该实验选择的 3 个实验点污染特征各不相同，北山实验点为偏酸性的花岗岩发育的麻

砂泥水稻土，且其污染主要为上游化工企业排污经灌溉所致，土壤 Cd 有效性较高；梅林桥实验点为偏中性的第四纪红壤发育的水稻土，主要受土壤背景、株洲与湘潭工业区废气经沉降所致，土壤总 Cd 含量高，但 Cd 有效性较低；梅林桥实验点则是偏酸性的河流冲积物发育的酸性潮泥田，其污染特征是攸县工矿企业污水灌溉农田所致，土壤 Cd 含量不高，Cd 有效性也不高，但其所在流域的工矿企业非常多，通过径流等途径污染周边农田。且从 3 个实验点基础土壤的有机质、碱解 N、速效 P、有效态 K 含量也可以看出，3 个实验点的地力由高至低为梅林桥＞大同桥＞北山。

施用石灰是我国目前改良土壤酸性（蔡东 等，2010）和修复 Cd 污染土壤（代允超 等，2014）的最主要措施。正常情况下施石灰的增产效果不明显（丁凌云 等，2006），而在酸性较强或者冷浸田等逆境条件下施用石灰皆能显著增加水稻产量（陈琨 等，2015；王秀斌 等，2015）。本实验结果也表明，北山、梅林桥、大同桥 3 个实验点中轻度 Cd 污染稻田施用石灰皆显著提高了土壤 pH，而对水稻产量皆无显著影响。而该实验采用的"宇丰"土壤调理剂主要通过活化天然黏土矿物，增加活性硅含量，同时复配有机肥，是一个具有较强碱性、反应温和的重金属钝化剂，在北山、梅林桥、大同桥 3 个中轻度 Cd 污染稻田中施用皆具有一定的增产作用，表现为水稻产量与钝化剂施用量呈二次抛物线关系。且通过计算可知 3 个实验点水稻理论最高产量为梅林桥＞大同桥＞北山，而 3 个实验点的地力也为梅林桥＞大同桥＞北山，可见其产量潜力主要受其地力的影响。而土壤调理剂对其土壤酸性进行改良，对产量具有一定的调节作用，达到水稻理论最高产量所需的钝化剂用量为大同桥＞北山＞梅林桥，这与 3 个实验点土壤酸性强度相关，大同桥实验点土壤酸性最强，达到水稻理论最高产量所需的钝化剂用量最大，而梅林桥实验点土壤酸性最弱，达到水稻理论最高产量所需的钝化剂用量也最小。

该研究结果表明，3 个实验点施用石灰皆显著提高了土壤 pH，并降低了土壤有效态 Cd 含量和土壤 Cd 有效性，也显著降低了水稻稻米和茎叶的 Cd 含量，施用钝化剂也具有相同趋势，但不同 Cd 污染特征下施用石灰和钝化剂的降 Cd 效果并不完全相同。施用石灰显著提高了北山和梅林桥实验点的土壤 pH，并显著降低北山和梅林桥实验点的稻米 Cd 含量，但北山和梅林桥实验点的土壤有效态 Cd 含量的降低效果不明显，这可能与土壤有效态提取剂相关，本书采用的是 DTPA 提取态 Cd 对土壤有效态 Cd 的提取率相对较强（肖振林 等，2008），且北山实验点土壤为砂性，有机质含量低，土壤中 Cd 的有效性相对较高，通过提高土壤 pH 钝化的 Cd 很容易被 DTPA 提取出来，导致处理间土壤有效态 Cd 含量差异不显著；而梅林桥实验点土壤 pH 高于 6。廖敏等（1999）研究也表明，当土壤 pH 高于 6 时，土壤吸附 Cd 的能力随 pH 的增加而下降；该研究结果表明，DTPA 提取态 Cd 与稻米 Cd 含量呈正相关，但相关不显著，可能是 DTPA 提取态 Cd 含量并不能很好地反映土壤 Cd 的生物有效性，施用石灰或调理剂条件下的不同提取态土壤有效态 Cd 含量与 Cd 的生物有效性之间关联还有待进一步研究。与北山实验点和梅林桥实验点不同，大同桥实验点施用石灰也显著提高了土壤的 pH，并显著降低了土壤有效态 Cd 含量，但并没有显著降低稻米 Cd 含量，主要原因有两方面：一方面由于大同桥实验点土壤酸性较强，施用石灰提高土壤 pH 后降低土壤有效态 Cd 含量的效果更明显（廖敏 等，1999）；另一方面，由于大同桥实验点仍受污水灌溉的影响，水稻虽然大量减少了对土壤中 Cd 的累积，但增加了对灌溉水中 Cd 的吸收。这是施用石灰虽然显著降低土壤有效态 Cd 含量，但稻米 Cd 含量的降低效果依旧不理想的主要原因。同为污水灌区的北山点，由于上游企业早已关闭，污染源已断，施用石灰降低稻米 Cd 含量的效果较明显。

施用"宇丰"土壤调理剂也具有和施用石灰相似的趋势。但由于石灰碱性强，在 3 个实验点皆可显著提高土壤 pH，而"宇丰"土壤调理剂反应较温和，在土壤酸性较弱的梅林桥实验点，施用 750kg/hm² 即可显著提高土壤 pH，而土壤酸性较强的北山实验点和大同桥实验点，"宇丰"土壤调理剂施用 1500kg/hm² 以上才能显著提高土壤 pH。而施用"宇丰"土壤调理剂对土壤有效态 Cd 含量的影响表明，高施用量（1500kg/hm² 和 2250kg/hm²）能显著降低北山、梅林桥和大同桥 3 个实验点的土壤有效态 Cd 含量；在低施用量（750kg/hm² 和 1125kg/hm²）时，大同桥点土壤有效态 Cd 含量降低显著，但北山和梅林桥实验点降低效果不明显；而施用"宇丰"土壤调理剂的所有处理（750~2250kg/hm²）皆能显著降低北山和梅林桥实验点的稻米 Cd 含量，但只有高施用量的处理（1500kg/hm² 和 2250kg/hm²）能显著降低大同桥实验点的稻米 Cd 含量，其原因可能和施用石灰在大同桥实验点降低稻米 Cd 含量的效果不理想相同，也主要受污水灌溉的影响。通过"宇丰"土壤调理剂施用量与稻米 Cd 含量的二次拟合曲线计算 3 个实验点的理论最低稻米 Cd 含量为大同桥＞北山＞梅林桥，这主要是由各实验点的污染特征所决定。大同桥实验点为污水灌溉区域，受污水灌溉的影响，基施石灰、土壤调理剂降低稻米 Cd 含量的效果不理想；北山点虽为化工企业排污污染点，但由于上游企业早已关闭，污染源已断，施用石灰和钝化剂能有效钝化土壤中的 Cd，显著降低了稻米 Cd 含量；梅林桥实验点则主要受土壤本底及大气沉降的影响，土壤 Cd 含量虽高，但其有效性相对较低，施用石灰和钝化剂皆可有效钝化土壤中的 Cd，并显著降低稻米 Cd 含量。可见，不同 Cd 污染特征下，施用石灰或钝化剂皆可有效降低稻田土壤 Cd 活性，大气沉降对当季水稻 Cd 累积的影响较小，而污水灌溉会极大地增加当季水稻稻米 Cd 含量，降低土施钝化剂的效果，但污水灌溉和大气沉降对稻米 Cd 累积的贡献率大小及其影响机制还有待深入研究。

7.2.4 结论

（1）不同 Cd 污染特征土壤施用石灰对水稻产量无显著影响，而施用较温和的钝化剂可增加水稻产量，以施用量为 1500kg/hm² 的处理最好；而北山、梅林桥、大同桥 3 个实验点达到水稻理论最高产量的钝化剂施用量分别为 1557kg/hm²、1248kg/hm² 和 2752kg/hm²。

（2）施用石灰和钝化剂可显著提高土壤 pH，降低土壤有效态 Cd 含量和水稻稻米与茎叶 Cd 含量，以施用量为 1500kg/hm² 的处理最好；而北山、梅林桥、大同桥 3 个实验点稻米降 Cd 的最佳施用量分别为 2079kg/hm²、1823kg/hm²、1689kg/hm²。

（3）施用石灰或钝化剂皆可有效降低土壤 Cd 活性，大气沉降对水稻 Cd 累积影响较小，但污水灌溉会增加水稻 Cd 含量。大同桥土壤 Cd 含量及 Cd 有效性皆不高，施用石灰和钝化剂对土壤中的 Cd 可起到了一定的钝化作用，但受污水灌溉的影响，水稻稻米 Cd 含量相对较高；化工点源污染的北山实验点土壤 Cd 有效性虽高，但污染源已断，施用石灰和钝化剂能显著降低稻米 Cd 含量；而梅林桥实验点土壤 Cd 含量虽高，但施用石灰和钝化剂皆可有效钝化土壤中的 Cd，并显著降低了稻米 Cd 含量，稻米 Cd 含量受大气沉降污染的影响较小。

7.3 碱性缓释肥料的降 Cd 效果及施用参数优化

原位钝化修复技术因成本较低、操作简单、见效快而适合大面积中轻度重金属污染土壤治理，受到环境工作者广泛关注（Jurate et al.，2008；王立群 等，2009）。黏土矿物、生物炭、有机物料、土壤调理剂等是原位钝化修复技术常用的钝化剂（Elouear et al.，2014；刘昭兵 等，2010；谢运河 等，2015），在实际的应用过程中都有一定的降 Cd 效果，但在不同 Cd 污染特征的土壤上存在较大差异。施肥是农业增产增收的重要保证，有研究表明合理施肥方法、肥料品种不仅能够提高作物产量，而且还能降低作物对 Cd 的累积（甲卡拉铁 等，2009；甲卡拉铁 等，2010；刘昭兵 等，2012）。当前钝化剂与肥料大多数是分开施用，既要施肥，又要施钝化剂，费工费时。将肥料的养分供应功能与钝化剂的降镉功能有机结合起来，进行产品复配，生产出具有多种功能的复合肥产品将是新型肥料的发展的一个重要方向。实验选择宇丰公司生产的多功能"碱性缓释肥"，以石灰和常规施肥为对照，在长株潭比较典型的化工点源污染、污水灌溉污染、大气沉降污染的 Cd 污染稻田，研究碱性缓释肥对稻田土壤 Cd 的有效性及水稻 Cd 含量的影响，为碱性缓释肥修复镉污染稻田提供科学依据。

7.3.1 材料与方法

7.3.1.1 供试材料

三种典型 Cd 污染特征稻田基本情况见 7.2.1.1。

供试常规肥料：当地常规用肥。

供试石灰：由湖南宇丰农科生态工程股份有限公司提供，石灰 CaO 不小于 65%。

供试碱性缓释复合肥：由湖南宇丰农科生态工程股份有限公司提供的"宇丰"碱性缓释肥料，$N:P_2O_5:K_2O$ 为 $10:4:11$，其中缓释有效态 N 的质量分数（冷水不溶性 N 占总 N 百分率）不小于 20%，CaO 不小于 8%，SiO_2 不小于 15%，ZnO 为 3%~5%，pH 为 8~10。

7.3.1.2 实验方法

在北山、梅林桥、大同桥镇同时进行田间小区实验。实验设 6 个处理，3 次重复，小区面积 $20m^2$，随机区组排列，外设保护行。小区间用铺塑料薄膜的土埂隔开，各小区单排单灌。

处理 1：CK，常规施肥，按照当地农民习惯施肥，其中基施 $N:P_2O_5:K_2O$ 为 $10:4:11$ 的复合肥 $750kg/hm^2$，移栽后 7~10d 追施尿素 $150kg/hm^2$（N、P_2O_5、K_2O 用量分别为 $144kg/hm^2$、$30kg/hm^2$、$82.5kg/hm^2$）。

处理 2：CKCa，常规施肥，增施石灰 $1500kg/hm^2$。

处理 3：AF，基施"宇丰"碱性缓释复混肥 $750kg/hm^2$，移栽后 7~10d 追施尿素 $150kg/hm^2$（N、P_2O_5、K_2O 用量分别为 $144kg/hm^2$、$30kg/hm^2$、$82.5kg/hm^2$）。

基肥和石灰于插秧前 1 周均匀撒入土壤并充分混匀。按当地习惯进行水肥及病虫害管理。于水稻成熟期按五点采样方法采取土壤和植株样品进行相关指标分析。

7.3.1.3 分析方法

土壤有效态 Cd 含量：称 10g 过 20 目筛土样，加入 DTPA - TEA - $CaCl_2$ 浸提液（土∶水＝1∶5）50mL，振荡 2h 后过滤，稀释 20 倍后用 ICP - MS（ICAP Q，Thermo Fisher Scientific）测定溶液 Cd 含量。

土壤总 Cd 含量：称过 100 目筛的土样 0.3g 于消煮管中，采用 HNO_3 - H_2O_2 - HF 微波消煮，定容后过滤，用 ICP - MS 测定溶液 Cd 浓度。

水稻糙米及植株 Cd 含量：称样 0.3g 于消煮管中，分别加入 HNO_3 5mL、H_2O_2 1mL，微波消解，定容后过滤，用 ICP - MS 测定 Cd 含量。

数据处理：采用 SPSS 17.0 及 Microsoft Excel 2003 进行数据的统计分析。

7.3.2 结果与分析

7.3.2.1 不同处理对水稻产量的影响

由图 7.10 可知，北山、梅林桥、大同桥 3 个实验点的产量均以碱性缓释肥处理最高，产量分别为 7753.6kg/hm²、9346.8kg/hm²、8921.7kg/hm²，分别较对照增产 3.9%、5.7%（$p<0.05$）、7.3%（$p<0.05$），较石灰处理增产 383.8kg/hm²（＋5.2%）、619.0kg/hm²（＋7.1%，$p<0.05$）、665.7kg/hm²（＋8.1%，$p<0.05$）；3 个实验点平均较对照处理增产 467.8kg/hm²（＋5.7%，$p<0.05$），较石灰处理增产 556.1kg/hm²（＋6.9%，$p<0.05$）。与对照处理相比，石灰处理产量有所下降，但差异不明显。可见，碱性缓释肥由于延长了氮肥的供应时间，更符合水稻生长对养分的需求，故增产效果明显。

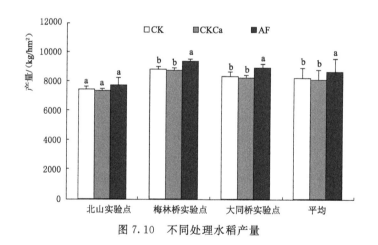

图 7.10 不同处理水稻产量

7.3.2.2 不同处理对水稻吸收累积 Cd 含量的影响

北山、梅林桥、大同桥 3 个实验点的稻米、茎叶镉含量见表 7.5。结果表明，施用石灰或碱性缓释肥均能降低稻米、茎叶 Cd 含量。与对照相比，3 个实验点施用石灰的稻米 Cd 含量分别下降 0.101mg/kg（－37.0%，$p<0.05$）、0.140mg/kg（－65.7%，$p<0.05$）、0.045mg/kg（－13.1%），茎叶 Cd 含量分别下降 0.444mg/kg（－32.1%）、0.518mg/kg（－59.3%，$p<0.05$）、0.517mg/kg（－24.2%）；3 个实验点施用碱性缓释肥的米 Cd 含量分别下降 0.124mg/kg（－45.5%，$p<0.05$）、0.074mg/kg

（-34.8%，$p<0.05$）、0.126mg/kg（-36.3%，$p<0.05$），茎叶 Cd 含量分别下降 0.142mg/kg（-10.3%）、0.245mg/kg（-28.0%，$p<0.05$）、0.625mg/kg（-29.3%）。

石灰与碱性缓释肥间的降 Cd 效果在北山实验点、大同桥实验点以碱性缓释肥处理较好，同石灰相比，两地的稻米 Cd 含量分别下降 0.023mg/kg（-13.5%）、0.080mg/kg（-26.7%），大同桥实验点的茎叶 Cd 含量下降 0.108mg/kg（-6.7%），北山实验点茎叶 Cd 含量有所提高，但处理间差异不明显；而在梅林桥实验点的降 Cd 效果碱性缓释肥不如石灰，其稻米、茎叶 Cd 含量较石灰提高 0.066mg/kg（-90.1%）、0.273mg/kg（-76.8%，$p<0.05$）。可见，不同实验点的降 Cd 差异与当地的土壤质地、pH 条件有关。

表 7.5   3 个实验点不同处理的水稻稻米与茎叶 Cd 含量   单位：mg/kg

处理	北山实验点		梅林桥实验点		大同桥实验点	
	稻米 Cd 含量	茎叶 Cd 含量	稻米 Cd 含量	茎叶 Cd 含量	稻米 Cd 含量	茎叶 Cd 含量
CK	0.273±0.027a	1.380±0.133a	0.212±0.032a	0.874±0.056a	0.346±0.078a	2.136±0.222a
CKCa	0.172±0.057b	0.936±0.429a	0.073±0.006b	0.356±0.024c	0.301±0.067ab	1.618±0.264a
AF	0.149±0.036b	1.238±0.414a	0.138±0.028b	0.629±0.102b	0.221±0.023b	1.510±0.196a

注 表中数字后面的小写字母表示 0.05 的显著水平。

7.3.2.3 不同处理对土壤 pH 及土壤有效态 Cd 含量的影响

测定成熟期土壤 pH 和土壤有效态 Cd 含量表明（表 7.6），北山、梅林桥、大同桥实验点施用石灰皆能显著增加土壤 pH，与对照相比，3 个实验点施用石灰后成熟期土壤 pH 分别提高 0.35、0.45（$p<0.05$）、0.44（$p<0.05$）个单位；碱性缓释肥也能增加成熟期土壤 pH，3 个实验点分别较对照提高 0.20、0.16、0.11 个单位，但差异不明显；碱性缓释肥同石灰相比，其提升土壤 pH 的能力不如石灰。

北山、梅林桥、大同桥 3 个实验点施用石灰都能降低土壤 Cd 的有效态性，其中大同桥下降 0.022mg/kg，降幅达 11.7%，达显著水平；北山、梅林桥实验点降幅虽没有显著水平，但其降幅也分别达 6.9%、6.5%。碱性缓释肥在酸性土壤上（北山、大同桥）能够降低土壤 Cd 的有效性，与对照相比，两地降幅分别为 8.3%、6.9%，但在中性土壤上（梅林桥实验点）无效，甚至还略有增加。总的来说，碱性缓释肥在降低土壤 Cd 的有效性上不如石灰。从土壤 Cd 有效性降低幅度看，大同桥实验点施用石灰、碱性缓释肥的效果较好，北山实验点次之，梅林桥实验点最差，这可能与土壤质地、土壤酸碱度有关。

表 7.6   3 个实验点不同处理的土壤 pH、有效态 Cd 含量

处理	北山		梅林桥		大同桥	
	pH	土壤有效态 Cd 含量/（mg/kg）	pH	土壤有效态 Cd 含量/（mg/kg）	pH	土壤有效态 Cd 含量/（mg/kg）
CK	5.19±0.08a	0.230±0.005a	6.43±0.07b	0.303±0.009ab	4.97±0.09b	0.186±0.004a
CKCa	5.54±0.20a	0.214±0.012a	6.88±0.15a	0.283±0.013b	5.41±0.10a	0.164±0.005c
AF	5.39±0.08a	0.211±0.009a	6.59±0.10b	0.327±0.026a	5.08±0.08b	0.173±0.002b

注 表中数字后面的小写字母表示 0.05 的显著水平。

7.3.2.4 水稻 Cd 含量与土壤有效态 Cd 含量、土壤 pH 的相关分析

分析北山、梅林桥、大同桥实验点的水稻稻米、茎叶及土壤有效态 Cd 含量、土壤 pH 之间的相关性表明（表 7.7），水稻稻米 Cd 含量与水稻茎叶 Cd 含量皆呈正相关系，其中梅林桥实验点、大同桥实验点分别达显著、极显著水平，表明水稻茎叶中吸收累积的 Cd 越多，转运至稻米中的 Cd 也越多。3 个实验点的稻米及茎叶 Cd 含量与土壤有效态 Cd 含量呈正相关，但都没有显著水平，表明水稻吸收累积 Cd 不仅受土壤有效态 Cd 含量的影响，还受许多其他因素的制约。3 个实验点的土壤有效态 Cd 含量与土壤 pH 呈负相关，但只有大同桥实验点达极显著水平，其余两点相关不显著，说明大同桥实验点可以通过提高土壤 pH 来降低土壤有效态 Cd 含量，而其余两地点通过提高土壤 pH 对土壤有效态 Cd 含量的影响相对要小。土壤 pH 与水稻稻米 Cd 含量及水稻茎叶 Cd 含量皆呈负相关，但只有梅林桥实验点达极显著水平，其余两点相关不显著，表明梅林桥实验点可以通过提高土壤 pH 来降低稻米及茎叶中的 Cd 含量，而北山实验点、大同桥实验点仅仅依靠提高土壤 pH 来降低水稻 Cd 含量是不够的。

表 7.7 3 个实验点水稻稻米与茎叶 Cd 含量与土壤 pH 及土壤有效态 Cd 含量的相关性

项目	北山			梅林桥			大同桥		
	茎叶 Cd 含量	土壤有效态 Cd 含量	土壤 pH	茎叶 Cd 含量	土壤有效态 Cd 含量	土壤 pH	茎叶 Cd 含量	土壤有效态 Cd 含量	土壤 pH
稻米 Cd 含量	0.59	0.44	−0.29	0.93**	0.33	−0.84**	0.66*	0.27	0.09
茎叶 Cd 含量		0.06	−0.32		0.27	−0.94**		0.6	−0.51
土壤有效态 Cd 含量			−0.31			−0.4			−0.78**

注 ** 表示在 0.01 水平（双侧）上显著相关，* 表示在 0.05 水平（双侧）上显著相关。

7.3.3 讨论

水稻累积 Cd 受土壤有机质、土壤有效态 Cd 含量、土壤 pH 等多种因素的影响（王凯荣 等，2007；王开峰 等，2008；周利强 等，2013）。石灰能显著改良土壤酸性，提高土壤 pH，促进重金属形成碳酸盐、氢氧化物沉淀等，降低土壤中 Cd 的生物有效性，从而抑制作物对 Cd 的吸收，施用石灰是我国目前改良土壤酸性（蔡东 等，2010）和修复 Cd 污染土壤（代允超 等，2014）的最主要措施。在该实验中，北山、梅林桥、大同桥 3 个中轻度 Cd 污染稻田施用石灰皆显著提高了土壤 pH，降低了土壤有效态 Cd 含量，并显著地降低了水稻稻米与茎叶 Cd 含量，但对水稻产量皆无显著影响。

水稻累积 Cd 除受土壤本身的条件影响外，外源物的添加也能降低水稻对 Cd 的吸收，有研究表明，施硅能显著抑制 Cd 向地上部的运输，使质外体运输途径的运输量减少，同时降低了质外体内不同形态 Cd 的含量，特别是结合态的 Cd 显著减少（史新慧 等，2006）。此外，添加 Zn 肥也能降低水稻对 Cd 的吸收，其降 Cd 机理主要表现为 Zn、Cd 在土壤、植株中的拮抗作用（谢运河 等，2015）。而 CaO 是石灰的主要功能成分，降 Cd 效果明显。该实验中的碱性缓释肥除了能够满足作物对养分的需求外，还含有 CaO、SiO_2、ZnO 等降 Cd 成分，能有效地降低水稻对 Cd 的吸收；碱性缓释肥水溶液的 pH 为 8~10，能够有效地调节土壤酸度，提高土壤 pH，降低土壤有效态 Cd 的活性。实验中 3

个实验点施用碱性缓释肥后，水稻产量显著提高，土壤 pH 提高 0.11～0.20 个单位，稻米及茎叶 Cd 含量在北山、大同桥实验点较石灰处理明显下降，在梅林桥实验点水稻降 Cd 度虽不如石灰，但其稻米、茎叶 Cd 含量均较常规施肥显著下降。这与碱性缓释肥中含有 SiO_2、ZnO 不无关系。可见，碱性缓释肥料施用后提高了土壤 pH，降低了土壤有效态 Cd 含量，并且还有大量的活性 CaO、SiO_2、ZnO 等，施用后可通过络合土壤中的 Cd，或者与 Cd 离子产生竞争拮抗作用，降低土壤 Cd 的有效性，减少水稻对 Cd 的吸收转运，降低水稻秸秆和稻米 Cd 含量。

7.3.4 结论

（1）与常规施肥相比，施用碱性缓释肥，北山、梅林桥、大同桥 3 个实验点水稻产量提高 290.8（+3.9%）～605.0（+7.3%）kg/hm²，平均增产 467.8kg/hm²（+5.7%，$p<0.05$），增产显著。

（2）北山、梅林桥、大同桥 3 个实验点施用石灰或碱性缓释肥均能提升土壤 pH，降低土壤 Cd 的有效态性，但碱性缓释肥在提升土壤 pH 与降低土壤 Cd 有效态性的能力均不如石灰。

（3）施用石灰或碱性缓释肥均能显著降低稻米、茎叶 Cd 含量。其中，在北山、大同桥实验点的酸性土壤上降 Cd 效果以碱性缓释肥处理较好，同石灰处理相比，两地的稻米 Cd 含量分别下降 0.023mg/kg（-13.5%）、0.080mg/kg（-26.7%），大同桥实验点的茎叶 Cd 含量下降 0.108mg/kg（-6.7%）；在梅林桥实验点偏中性的土壤上，碱性缓释肥的降 Cd 效果不如石灰。

7.4 基于重金属钝化的肥料减量施用技术

7.4.1 材料与方法

7.4.1.1 供试材料

供试土壤：为花岗岩发育的麻砂泥水稻土，地处长沙县北山镇（N28°26′38″，E113°03′50″），双季稻种植。土壤 pH 为 5.21，土壤总 N 含量为 3.08g/kg，总 P 含量为 0.92g/kg，总 K 含量为 29.8g/kg，有机质含量为 44.7g/kg，碱解 N 含量为 207mg/kg，有效态 P 含量为 30.8mg/kg，速效 K 含量为 165mg/kg。土壤总 Cd 含量为 0.96mg/kg，土壤有效态（1mol/L 乙酸铵提取）Cd 含量为 0.35mg/kg。

供试水稻：为湖南亚华种业科学研究院选育的两系杂交中熟早籼稻株两优 819。

供试碱性缓释肥：由湖南宇丰农科生态工程有限公司提供的"宇丰"碱性缓释肥料，产品参数为：N-P_2O_5-K_2O 为 10-4-11，总含量为 25%，其中缓释有效态 N 的质量分数（冷水不溶性氮占总氮百分率）≥20%，CaO≥8%，SiO_2≥15%，ZnO 为 3%～5%，pH 为 8～10。

供试生物有机肥：主要由废鱼杂等经发酵后加工而成的富含巯基有机肥，养分含量为：有机质 387.19g/kg、总 N 24.16g/kg、总 P 28.24g/kg、总 K 14.15g/kg、总 Cd 0.43mg/kg。

供试微生物菌肥:"地福来"生物肥,由北京地福来科技发展有限公司提供,是一种纯天然的高浓缩生物肥料土壤改良剂。主要技术指标:单细胞藻体含量不小于1.0×10^6个/mL。

7.4.1.2 实验方法

实验设7个处理,3次重复,小区面积为$30m^2$,随机排列,外设保护区,小区间田埂采用塑料薄膜铺盖至田面20cm以下。各小区单灌单排,避免串灌串排。除氮肥减量处理外,所有处理的N、P_2O_5、K_2O施用量分别为$150kg/hm^2$、$120kg/hm^2$、$120kg/hm^2$,氮肥减量20%处理的N、P_2O_5、K_2O施用量分别为$120kg/hm^2$、$120kg/hm^2$、$120kg/hm^2$,所有处理N、P_2O_5、K_2O分别用尿素、过磷酸钙、氯化钾补齐。7个处理分别为:

(1) CK:常规施肥。
(2) T1:碱性缓释肥$1500kg/hm^2$。
(3) T2:碱性缓释肥$1500kg/hm^2$+N肥减量20%。
(4) T3:生物有机肥$2250kg/hm^2$。
(5) T4:生物有机肥$2250kg/hm^2$+N肥减量20%。
(6) T5:微生物菌肥$300mL/hm^2$。
(7) T6:微生物菌肥$300mL/hm^2$+N肥减量20%。

碱性缓释肥和生物有机肥结合小区整地一次性施入,7d后补齐N、P、K肥,耙匀后移栽水稻;生物菌肥则在插秧当天结合N、P、K肥一起施入小区,耙匀后移栽水稻。

水稻于3月16日播种,4月24日移栽,7月18日收获。采用当地习惯进行水分及病虫害管理。

7.4.1.3 检测分析方法

土壤有效态Cd含量:称10.00g过20目筛土样,加入1mol/L的乙酸铵50mL,25℃条件下180r/min振荡1h后过滤,稀释20~100倍后用ICP-MS测定溶液Cd浓度。

土壤总Cd含量:称过100目筛土样0.3g于消煮管中,采用HNO_3-H_2O_2-HF微波消煮混合液,定容后过滤,稀释20~100倍后用ICP-MS测定溶液Cd浓度。

ICP-MS检测采用铑(Rh)做内标,回收率90%~105%。

数据处理:采用SPSS 17.0及Microsoft Excel 2003进行数据的统计分析。

7.4.2 结果与讨论

7.4.2.1 氮肥减量配施土壤调理剂对水稻产量的影响

成熟期水稻产量结果表明(表7.8),施用碱性缓释肥、生物有机肥、微生物菌肥分别比对照增产7.42%($p<0.05$)、8.59%($p<0.05$)和4.59%;N肥减量配施碱性缓释肥、生物有机肥的水稻产量分别比对照增产5.55%和7.61%($p<0.05$),而N肥减量配施微生物菌肥的水稻产量比对照降低2.48%。可见,在氮肥一次性基施情况下,因碱性缓释肥、生物有机肥具有N肥缓释作用,增产效果显著,即使在N肥减量的情况下水稻仍具有一定的增产效果;微生物菌肥则通过微生物和作物形成内外共生关系,可促进水稻增产,但在N肥减量配施时,水稻产量低于对照,表明微生物菌肥受到外界环境因素等的影响,增产效果下降。

7.4 基于重金属钝化的肥料减量施用技术

表 7.8　N 肥减量配施土壤调理剂的水稻产量

处理	稻谷		秸秆		生物量	
	产量/(kg/hm²)	增幅/%	干重/(kg/hm²)	增幅/%	产量/(kg/hm²)	增幅/%
CK	5462bc		5472ab		10934a	
T1	5867a	7.42	5323ab	−2.73	11190a	2.34
T2	5765ab	5.55	5295ab	−3.23	11060a	1.16
T3	5931a	8.59	5423ab	−0.91	11354a	3.84
T4	5878a	7.61	5640a	3.07	11518a	5.34
T5	5713ab	4.59	5485ab	0.24	11198a	2.41
T6	5327c	−2.48	5223b	−4.56	10549a	−3.52

注　同列不同小写字母表示两者间在 $p=0.05$ 水平上有显著差异。下同。

成熟期水稻秸秆干重结果表明（表 7.8），所有处理水稻秸秆干重与对照皆无明显差异。其中，施用有机肥的 T3 和 T4 处理、施用微生物菌肥的 T5 处理水稻秸秆干重较高；而施用碱性缓释肥的 T1 和 T2 处理、N 肥减量配施微生物菌肥的 T6 处理水稻秸秆干重较低。水稻地上部生物量结果表明，除 T6 处理外，T1~T5 处理的生物量皆高于对照，但所有处理间水稻地上部生物量皆差异不明显。

计算经济系数（产量/地上部生物量）结果表明，对照的经济系数为 0.50，而 T1、T2、T3 处理的经济系数皆为 0.52，T4、T5、T6 处理的经济系数分别为 0.51、0.51 和 0.50。可见，施用碱性缓释肥、生物有机肥及其与 N 肥减量配施，以及施用微生物菌肥提高水稻产量的主要原因是，在小幅增加水稻地上部生物量的同时，提高了水稻的经济系数。而与对照相比，N 肥减量配施微生物菌肥的 T6 处理，经济系数与对照相同，但地上部生物量降低，其产量也略有下降。

7.4.2.2　N 肥减量配施土壤调理剂对水稻稻米及秸秆 Cd 含量的影响

成熟期稻米 Cd 含量测定结果表明（表 7.9），对照稻米 Cd 含量为 0.42mg/kg，施用碱性缓释肥、生物有机肥、微生物菌肥及其与 N 肥减量配施皆有降低稻米 Cd 含量的作用。与对照相比，施用碱性缓释肥、生物有机肥、微生物菌肥的稻米 Cd 含量比分别对照降低 31.29%（$p<0.05$）、31.27%（$p<0.05$）和 13.70%，而其与 N 肥减量配施的稻米 Cd 含量分别比对照降低 26.58%（$p<0.05$）、11.96% 和 4.56%。

表 7.9　N 肥减量配施土壤调理剂的稻米和秸秆 Cd 含量

处理	稻米		秸秆	
	Cd 含量/(mg/kg)	降幅/%	Cd 含量/(mg/kg)	降幅/%
CK	0.42a		2.96a	
T1	0.29c	31.29	2.10b	29.15
T2	0.31bc	26.58	2.28b	23.06
T3	0.29c	31.27	2.29b	22.54
T4	0.37a	11.96	2.81a	5.22

续表

处理	稻米		秸秆	
	Cd 含量/(mg/kg)	降幅/%	Cd 含量/(mg/kg)	降幅/%
T5	0.36ab	13.70	2.72a	8.22
T6	0.40a	4.56	2.87a	3.00

秸秆 Cd 含量测定结果也表明（表 7.9），施用碱性缓释肥、生物有机肥、微生物菌肥及其与氮肥减量配施皆有降低秸秆 Cd 含量的作用。与对照相比，施用碱性缓释肥、生物有机肥、微生物菌肥的秸秆 Cd 含量比分别对照降低 29.15% ($p<0.05$)、22.54% ($p<0.05$) 和 8.22%，而其与氮肥减量配施的秸秆 Cd 含量分别比对照降低 23.06% ($p<0.05$)、5.22% 和 3.00%。

可见，施用碱性缓释肥、生物有机肥、微生物菌肥皆有降低水稻 Cd 吸收的效果，但其与 N 肥减量配施皆会导致其降 Cd 效果减弱，尤其是 N 肥减量与生物有机肥配施会导致稻米及秸秆 Cd 含量显著增加。

7.4.2.3 N 肥减量配施土壤调理剂对土壤有效态 Cd 含量及土壤 pH 的影响

成熟期土壤有效态 Cd 含量结果表明（表 7.10），施用碱性缓释肥、生物有机肥、微生物菌肥及其与 N 肥减量配施皆有降低土壤有效态 Cd 含量的趋势，但与对照相比，降低效果皆不明显。

表 7.10　N 肥减量配施土壤调理剂的土壤有效态 Cd 含量和土壤 pH

处理	土壤有效态 Cd		土壤 pH	
	含量/(mg/kg)	降幅/%	pH	增量
CK	0.30a		5.10c	
T1	0.26a	−12.51	5.50a	0.39
T2	0.27a	−11.39	5.35ab	0.25
T3	0.29a	−3.27	5.31abc	0.21
T4	0.27a	−9.90	5.33abc	0.23
T5	0.28a	−7.91	5.25bc	0.14
T6	0.28a	−6.19	5.23bc	0.13

成熟期土壤 pH 测定结果表明（表 7.10），除碱性缓释肥及 N 肥减量配施碱性缓释肥的土壤 pH 显著高于对照外，生物有机肥、微生物菌肥及其与氮肥减量配施的土壤 pH 皆高于对照，但皆差异不显著。

可见，施用碱性缓释肥可显著提高土壤 pH，并有效降低土壤有效态 Cd 含量；而施用生物有机肥、微生物菌肥也有增加土壤 pH 和降低土壤有效态 Cd 含量的效果，但其作用效果皆不明显。且施用不同土壤调理剂下，N 肥减量对土壤有效态 Cd 含量与土壤 pH 的影响无显著作用。

7.4.2.4 水稻产量、稻米及秸秆 Cd 含量、土壤有效态 Cd 含量及土壤 pH 之间的相关性分析

分析水稻产量、稻米及秸秆 Cd 含量、土壤有效态 Cd 含量、土壤 pH 之间的相关性表明（表 7.11），水稻产量与结构干重呈极显著正相关，表明增加生物量是增加水稻产量的重要条件；稻米 Cd 含量与秸秆 Cd 含量间呈极显著正相关，表明秸秆 Cd 含量越高，转运至稻米中的 Cd 含量也越高；稻米 Cd 含量、秸秆 Cd 含量皆与产量极显著负相关，这主要是由于 N 肥减量导致产量降低的同时，还提高了稻米 Cd 含量所致；稻米 Cd 含量和秸秆 Cd 含量皆与土壤 pH 分别呈显著和极显著负相关，表明提高土壤 pH 是降低水稻 Cd 吸收的有效途径；而土壤有效态 Cd 含量与稻米 Cd 含量、秸秆 Cd 含量间皆相关不显著，且土壤 pH 也与土壤有效态 Cd 含量也相关不明显，这可能还受土壤有效态 Cd 含量的提取形态的影响。有研究表明（肖振林 等，2008），不同提取剂在不同的土壤上提取率不同，且提取的成分也存在差异。

表 7.11 水稻产量、稻米及秸秆 Cd 含量、土壤有效态 Cd 含量及土壤 pH 之间的相关系数

项 目	秸秆干重	稻米 Cd 含量	秸秆 Cd 含量	土壤有效态 Cd 含量	土壤 pH
产量	0.599**	−0.677**	−0.470*	−0.173	0.375
秸秆干重		0.047	0.202	0.099	−0.175
稻米 Cd 含量			0.631**	0.154	−0.455*
秸秆 Cd 含量				0.287	−0.596**
土壤有效态 Cd 含量					−0.360

注 ** 表示在 0.01 水平上显著相关，* 表示在 0.05 水平上显著相关。

7.4.2.5 讨论

该研究表明，施用碱性缓释肥、生物有机肥皆有显著促进水稻增产的作用。因为在肥料一次性基施情况下，与常规化肥相比，碱性缓释肥、生物有机肥皆有促使肥效后移，提高了水稻的收获指数，促进水稻增产（陈恺林 等，2014）；即使在氮肥减量 20% 情况下，仍具有一定的增产效果。有报道表明，地福来微生物菌肥也有促进水稻增产的效果（左旭东 等，2015；王琴 等，2014），该研究结果也表明施用地福来微生物菌肥具有一定的增产作用，但增产效果不明显，而在氮肥减量 20% 情况下，产量还略有下降。这可能是受施用方法、土壤性质、气候环境等多方面因素的影响，导致地福来增产效果下降。

施用碱性缓释肥能显著降低水稻秸秆和稻米 Cd 含量，且在与氮肥减量配施时也能显著降低稻米 Cd 含量。主要是由于碱性缓释肥料施用后显著提高了土壤 pH，降低了土壤有效态 Cd 含量，并且还有大量的活性 Si、Zn 等，施用后可通过络合土壤中的 Cd，或者与 Cd 离子产生竞争拮抗作用，降低土壤 Cd 的有效性，减少水稻对 Cd 的吸收转运，降低水稻秸秆和稻米 Cd 含量（Cakmak et al.，2000；Ma et al.，2006；Khoshgoftar et al.，2004；黄秋婵等，2011）。此外，"宇丰"碱性缓释肥为脲醛包膜肥料，施用后也可有效降低土壤水溶态和有效态 Cd 含量（向倩 等，2014），这几个方面因素的综合，施用碱性缓释肥料显著减少了水稻对 Cd 的吸收累积，显著降低了水稻秸秆和稻米 Cd 含量。施用有机肥也能显著降低水稻秸秆和稻米 Cd 含量（Xie et al.，2015；谢运河 等，2015），这主要是由于有机质的施用一方面提高了土壤环境容量,增加了土壤对 Cd 的吸附(焦文涛等,2005);另一方面由于有机质中含有大量的 Zn 等与 Cd 产出拮抗作用的离子,施用有机肥后 Zn 等离子的存在会降低水稻对土壤中 Cd 的吸收与水稻体内 Cd 的转运(Xie et al.,2015;谢运河 等,2015)。此外,该实验选择的生物有机肥中富含巯基,而 Cd 具有强的亲 S 特性,Cd 与硫醇化合物共存时易形成金属硫蛋白(薛洪宝 等,2011),从而降低土壤 Cd 的生物有效性。而施用微生物菌肥对水稻 Cd 吸收的影响较小,该实验结果也表明,施用微生物菌肥对土壤 pH、土壤有效态 Cd 含量皆无显著影响,表明微生物菌肥可能受微生物菌肥自身的活性、功能及土壤、气候等环境条件的影响,其降低水稻 Cd 吸收的效果不明显。

在该实验条件下,与常规施 N 量配施碱性缓释肥、生物有机肥、微生物菌肥相比,N 肥减量配施碱性缓释肥、生物有机肥、微生物菌肥的水稻秸秆及稻米 Cd 含量皆有一定程度增加,可能是由于在 N 肥减量情况下,加大了水稻对养分的吸收强度,同时也加大了对土壤 Cd 的吸收累积。其中 N 肥减量配施碱性缓释肥的水稻秸秆和稻米 Cd 含量增加幅度较小,但显著低于常规施肥对照,这表明碱性缓释肥降低水稻 Cd 吸收的效果较稳定;而 N 肥减量配施生物有机肥的水稻秸秆及稻米 Cd 含量显著增加,并与常规施肥对照无显著差异,表明施用有机肥降低稻米 Cd 吸收对外界条件的要求更严格。

7.4.3 小结

(1)施用碱性缓释肥、生物有机肥、微生物菌肥均有显著增产效果,且碱性缓释肥料在 N 肥减量 20% 仍增产显著,N 肥减量 20% 与生物有机肥、微生物菌肥配施对产量无显著影响,在目前的生产条件下,从水稻产量上来看实行 N 肥减量是可行的。

(2)施用碱性缓释肥及与氮肥减量配施皆可显著提高土壤 pH,有效降低土壤有效态 Cd 含量,并显著降低水稻秸秆及稻米 Cd 含量;施用生物有机肥也可有效提高土壤 pH,降低土壤有效态 Cd 含量,并显著降低水稻秸秆和稻米 Cd 含量,但与 N 肥减量时降低水稻秸秆和稻米 Cd 含量的效果不明显;施用微生物菌肥对土壤 pH、土壤有效态 Cd 含量、水稻秸秆和稻米 Cd 含量的影响皆无显著效果。

(3)施用碱性缓释肥、生物有机肥、微生物菌肥时,N 肥减量皆减弱了其对水稻秸秆和稻米的降 Cd 效果,尤其是在配施用生物有机肥时减弱效果显著,但在施用碱性缓释肥时实行 N 肥减量减弱效果不明显。

(4)综合产量和水稻降 Cd 效果,施用 N 肥减量配施碱性缓释肥可有效提高氮肥利用率,显著提高水稻产量,并显著降低水稻秸秆和稻米 Cd 含量,较适合中轻度 Cd 污染稻田的水稻生产。

第8章 结论与展望

8.1 主要研究结论

本书以我国湖南重金属 Cd 污染农田为研究对象,分析了水稻重金属的累积特征及生态适应性,主要得出以下研究结论。

(1) 围绕水稻对重金属的累积特征及水稻品种的生态适应性开展相关研究,所得结论如下:

1) Cd 在水稻植株不同部位中的含量分布情况为:根>茎>籽粒>叶;As 含量的分布规律为:根>茎>叶>籽粒。从全生育期看,水稻各器官 Cd 含量动态变化规律与 As 相反,水稻各部位 Cd 含量随水稻的生长不断增加,在黄熟期达到最大值;水稻各部位 As 含量在分蘖初期最高,随水稻生育期后移呈下降趋势。

2) 水稻各部位对 Cd、As 的累积量及累积总量皆随生育期的后移呈先增后降趋势,而水稻对 Cd 的累积总量在生育后期(乳熟期)达到最大,As 在生育前期(分蘖盛期)达到最大。水稻对 Cd 的吸收累积与其干物质累积和各器官 Cd 含量的变化呈显著正相关,与水稻根茎叶 As 含量的变化呈显著负相关;水稻 As 累积过程在全生育期上表现出与干物质及水稻 Cd、As 含量皆表现为不相关特征,控制水稻 As 累积需要结合水稻干物质的累积趋势,各器官干物质分布及 Cd、As 含量等多个因素综合考虑。

3) 水稻不同部位对 Cd、As 的转运能力存在差异,水稻根系向茎转运 Cd 的能力高于 As,而茎向叶转运 Cd 的能力小于 As,籽粒对 Cd 的吸收富集能力大于 As。

4) 采取有效措施控制分蘖盛期之前水稻根系对 As 的吸收、孕穗期至成熟期水稻根系对 Cd 的吸收及分蘖盛期至成熟期水稻各器官间 Cd、As 的转运分配可同步实现水稻 Cd、As 含量的有效控制。

5) 水稻对重金属的吸收累积与水稻品种和土壤性质密切相关。除了深优9595产量较低,其他水稻品种在湘西北和湘西南的产量变化趋势基本一致。不同水稻品种对 Cd、As 的吸收能力差异趋势也基本一致。从综合产量和稻米 Cd、As 降低效果来看,和两优1号、C 两优386、C 两优87、Y 两优9918属于 Cd、As 同步低吸收品种。

(2) 研究沟渠底泥 Cd 的迁移特征及其与灌区农田土壤 Cd 含量的关联,并以长株潭地区县级行政区水环境为研究对象,监测其主要库塘及河流等饮用水源的重金属含量,对整个长株潭地区的水环境进行健康风险评价,所得结论如下:

1) 化工点源污染流域沟渠底泥及稻田土壤总 Cd 含量及有效态 Cd 含量随径流方向皆呈对数曲线下降,且下游土壤 Cd 有效性高于上游土壤。

2) 无污染区的沟渠底泥总 Cd 含量及有效态 Cd 含量呈直线增加趋势,但稻田土壤 Cd 含量及有效态 Cd 含量也是下游高于上游,其污染主要受上游径流夹带的 Cd 在下游沉淀和被吸附及居民生活排污及耕作施肥等人为措施的影响，其污染程度较小，但危害更加隐蔽、污染面积更大，污染形式更多，治理难度和污染风险更大。

3) 长沙、株洲、湘潭各县级行政区水环境中 Cd、Pb、As、Cr^{6+}、Hg 含量，除株洲醴陵市和炎陵县的 As 含量超过饮用水限量标准外，其余县级行政区水环境中 Cd、Pb、As、Cr^{6+}、Hg 皆在限量标准范围之内。

4) 长株潭地区水环境中重金属由饮用途径所致健康危害的个人年总风险为 $2.28\times10^{-5}\sim8.84\times10^{-5}a^{-1}$，化学致癌物由饮用途径所致健康危害的个人年风险远高于非致癌物。化学致癌物由饮用途径所致健康危害的个人年风险顺序为 $As>Cr^{6+}>Cd$，其中 As 引起的风险为 $1.15\times10^{-5}\sim7.71\times10^{-5}a^{-1}$，$Cr^{6+}$ 引起的风险为 $0.84\times10^{-5}\sim1.32\times10^{-5}a^{-1}$，Cd 引起的风险为 $0.03\times10^{-5}\sim0.39\times10^{-5}a^{-1}$。不同地区水环境中重金属引起的健康风险皆是长沙最低，As 和 Cr^{6+} 引起的健康风险表现为株洲>湘潭>长沙，Cd 的表现为湘潭>株洲>长沙。长株潭地区非致癌物重金属由饮用途径所致健康危害的个人年风险元素间表现为 Pb 高于 Hg，且 Pb 和 Hg 地区间皆表现为株洲>湘潭>长沙。

（3）以 Cd、As 复合污染稻田为研究对象，筛选了生态萃剂及富集植物，并分析了植物萃取修复技术的环境风险，所得结论如下：

1) 从萃取浓度和萃取总量看，EDTA、GLDA、三氯化铁对土壤 Cd 的萃取效果较好，可用于 Cd 污染土壤的萃取修复；磷酸二氢钾、GLDA、柠檬酸钠、硫代硫酸钠萃取 As 的效果较好，可用于 As 污染土壤的强化萃取；而 GLDA 对 Cd、As 的萃取效果皆较为理想，还可作为 Cd、As 复合污染土壤的萃取剂。

2) 从富集植物生物量和地上部重金属含量及累积总量看，超富集植物景天和蜈蚣草的生物量虽然较小，但景天地上部 Cd 含量最高，蜈蚣草 As 含量最高。而该研究中备选的富集植物生物量虽较高，但其吸收重金属含量较低，尤其富集 As 能力更低。根据研究成果和成本分析，籽粒苋、秋葵比景天更适合作为 Cd 污染土壤修复植物，水稻和地肤也可以根据实际情况替代景天；蜈蚣草可作为 As 污染土壤的修复植物，而所备选的富集植物因吸收 As 含量过低，且移除总量不高，皆不适合作为 As 污染土壤的修复植物。

3) 从籽粒苋+GLDA 不同用量的萃取对后茬水稻产量和重金属吸收累积的影响看，籽粒苋-GLDA 强化萃取对后茬水稻产量无显著影响，但有减产风险；籽粒苋-GLDA 强化萃取修复增加了后茬水稻稻米、茎、叶 As 含量，但降低了 Cd、Pb 含量，其作用效果随 GLDA 用量的增加而增强；籽粒苋-GLDA 强化萃取修复降低了后茬水稻土壤有效态 Cd、Pb 含量，但对土壤有效态 As 含量无显著影响；籽粒苋-GLDA 强化萃取修复增加了后茬水稻土壤 pH、降低了 Eh，其作用效果随 GLDA 用量的增加而增强。

（4）以田间退水中重金属 Cd 污染为例，通过室内模拟和田间实验示范，获得了灌溉水体 Cd 高效吸附材料，研发了灌溉水 Cd 净化装置，并结合区域生态环境特征，构建了灌溉水多级生态净化系统。所得研究结论如下：

1) 对盆栽植物出水 Cd 浓度进行动态监测，结果表明施入外源 Cd 浓度在 1mg/L 左右时，出水 Cd 浓度显著降低。其中，挺水植物出水 Cd 浓度低于浮水植物 Cd 浓度。根据出水 Cd 浓度将 10 种湿地植物进行排序：黄花鸢尾（YW）<再力花（ZLJ）<菖蒲（CP）<香蒲（XP）<千屈菜（QQC）<芦苇（LW）<睡莲（SL）<萍蓬草（PPC）<

8.1 主要研究结论

水葫芦（SHL）<大藻（DP）。其中，浮水植物根中累积的 Cd 浓度较高，仅有萍蓬草和睡莲地上部分累积较多，转运系数大于 1；考虑湖南的气候条件及植物病虫害等相关因素，可以选择菖蒲、香蒲、睡莲和萍蓬草等植物作为生态塘中混合栽植的湿地重金属 Cd 超累积植物。

2）硅藻土、活性炭和生物炭作为吸附基质，对水体中 Cd 均有一定的吸附作用。其去除率排序为：生物炭＞活性炭＞硅藻土。基于对 3 种吸附基质去除效率的对比结果，筛选出生物炭作为进一步实验的吸附基质进行研究。通过生物炭对 3 种不同初始浓度的 Cd 水溶液的去除率的研究发现，当固液比为 2∶1 时，既能满足高效吸附，又能达到节约成本的目的。同时，该固液比比例，在中、高浓度下，对水溶液中 Cd 的去除效果均能达到 60% 以上。通过 Langmiur-Langmiur 模型的拟合可知，生物炭对 Cd 的最大吸附量为 8.24mg/kg。

3）构建的多级生态渠塘主要由生态减污渠和生态塘构成。将生物炭按照固液比 2 应用于生态减污渠中，采用间歇式曝气方式，能够在 48h 内去除水体中 65% 的 Cd，然后将未吸附的 Cd 采用进水稀释的方式逐渐排入生态减污渠后，3 号箱（模拟生态塘）水力停留时间为 6h，即可获得符合农田灌溉水水质标准的达标出水，并达到了 78.0% 的去除率。

4）水体 Cd 快速净化材料均有不同程度的净化效果，材料 Cd 吸附容量分别为赤泥粒 $534.1g/m^3$、石灰石 $459.4g/m^3$、沸石 $441.3g/m^3$ 及油菜秸秆 $403.6g/m^3$，通过水体 Cd 净化率组合材料筛选，等获得净化装置材料配比最优方案：选择 1~3 种材料填充于 3 层材料滤仓，每层添加单材料 10cm。净化装置主要工艺参数为：进水口径 10cm，壳体内径 40cm，壳体高度 65cm，材料层高度 45cm，材料最大承载体积 $56.5dm^3$，材料粒径 5~8mm。材料一次装填可吸附 Cd 15.22~20.14g，满足 507.2~$671.2m^3$ 水、2.0~2.7 亩单季稻田 Cd 净化需求。

5）因地制宜地构建集成了稻+塘、塘+沟、塘+沟+池+拦截墙的灌溉水体多级净化系统，大面积示范结果表明，该净化系统可降低灌溉水 Cd 含量 84.4%~93.3%，对区域农田灌溉水净化具有较好的作用，对降低灌溉水中 Cd 输入农田，保障稻米质量安全具有重要意义。

6）将多级生态渠塘净化系统应用于田间示范过程中，除在原有小试模拟实验装置的基础上增加了处理体积之外，又增设了预处理单元和配合微生物菌株共同吸附水体当中的重金属（以 Cd 为例），达到了较好的去除效果，且组装和拆解方便，易于运输和操作。

（5）以稻田 Cd 污染为研究对象，对农艺调控技术开展相关研究，所得结论如下：

1）水稻对水分需求的敏感性因生育期而异。所有处理中，常规灌溉处理的产量最高，说明适时晒田有利于保障水稻产量，分蘖盛期淹水 1~4 周处理的减产明显，说明灌浆期缺水对水稻产量的影响大于分蘖期缺水。

2）在水稻整个生育期内，淹水时间显著影响水稻对 Cd 的吸收累积。淹水时间越长水稻茎叶和糙米中的 Cd 含量越低，而这种影响也因水稻生育期而异，分蘖盛期开始淹水对水稻 Cd 累积的抑制效果明显优于灌浆开始淹水。

3）水稻茎叶—糙米的 Cd 转运系数代表 Cd 由茎叶转运至糙米的难易程度，不同淹水时间处理的水稻 Cd 转运效率随淹水时间的延长而下降，表明淹水能在一定程度上降低水稻对 Cd 的转运效率，且这种抑制效果与淹水时间呈正相关。

4) 土壤调理剂具有一定的增产的作用，但土壤调理剂降低稻米 Cd 含量的效果存在较大差异，而降低稻米 Cd 含量的效果相对稳定，且降低水稻茎叶 Cd 含量的效果与降低稻米 Cd 含量的趋势相同。聚类分析结果表明，土壤调理剂主要有 3 类：第一类是依靠提升土壤 pH，抑制土壤 Cd 活性，减少土壤 Cd 向茎叶中的迁移转运与再分配；第二类主要在水稻体内产生拮抗或者共沉淀的作用，抑制水稻茎中 Cd 向稻米中的迁移和再分配；第三类的降 Cd 机制则是前两类的效果兼而有之。

5) 喷施 Zn 肥可显著提高水稻叶、茎、米的 Zn 含量，降低水稻对 Cd 的吸收，其效果皆随喷施时间的后移而增加，分蘖盛期和孕穗期喷施 Zn 肥降低稻米 Cd 含量的效果最明显；喷施 Zn 肥条件下，水稻米、茎、叶的 Cd、Zn 间皆存在显著的拮抗作用，稻米 Cd 含量主要由茎 Cd 含量决定，但受 Zn、Cd 拮抗作用的调控。

(6) 研发了硅基钝化剂，并研究了碱性缓释肥及肥料减量施用技术对稻田降 Cd 的相关参数及效果，所得结论如下：

1) 不同 Cd 污染特征土壤施用石灰对水稻产量无显著影响，而施用较温和的钝化剂可增加水稻产量，以施用量为 1500kg/hm^2 的处理最好；而北山、梅林桥、大同桥 3 个实验点达到水稻理论最高产量的钝化剂施用量分别为 1557kg/hm^2、1248kg/hm^2 和 2752kg/hm^2。

2) 施用石灰和钝化剂可显著提高土壤 pH，降低土壤有效态 Cd 含量和水稻稻米与茎叶 Cd 含量，以施用量为 1500kg/hm^2 的处理最好；而北山、梅林桥、大同桥 3 个实验点稻米降 Cd 的最佳施用量分别为 2079kg/hm^2、1823kg/hm^2、1689kg/hm^2。

3) 施用石灰或钝化剂皆可有效降低土壤 Cd 活性，大气沉降对水稻 Cd 累积影响较小，但污水灌溉会增加水稻 Cd 含量。大同桥实验点土壤 Cd 含量及 Cd 有效性皆不高，施用石灰和钝化剂对土壤中的 Cd 可起到了一定的钝化作用，但受污水灌溉的影响，水稻稻米 Cd 含量相对较高；化工点源污染的北山实验点土壤 Cd 有效性虽高，但污染源已断，施用石灰和钝化剂能显著降低稻米 Cd 含量；而梅林桥实验点土壤 Cd 含量虽高，但施用石灰和钝化剂皆可有效钝化土壤中的 Cd，并显著降低了稻米 Cd 含量，稻米 Cd 含量受大气沉降污染的影响较小。

4) 与常规施肥相比，施用碱性缓释肥，北山、梅林桥、大同桥 3 个实验点水稻产量提高 290.8（+3.9%）～605.0（+7.3%）kg/hm^2，平均增产 467.8kg/hm^2（+5.7%，$p<0.05$），增产显著。

5) 北山、梅林桥、大同桥 3 个实验点施用石灰或碱性缓释肥均能提升土壤 pH、降低土壤 Cd 的有效态性，但碱性缓释肥在提升土壤 pH 与降低土壤 Cd 有效态性的能力较石灰差。

6) 施用石灰或碱性缓释肥均能显著降低稻米、茎叶 Cd 含量。其中，在北山、大同桥实验点的酸性土壤上降 Cd 效果以碱性缓释肥处理较好，同石灰处理相比，两地的稻米 Cd 含量分别下降 0.023mg/kg（−13.5%）、0.080mg/kg（−26.7%），大同桥实验点的茎叶 Cd 含量下降 0.108mg/kg（−6.7%）；在梅林桥实验点偏中性的土壤上，碱性缓释肥的降 Cd 效果较石灰差。

7) 施用碱性缓释肥、生物有机肥、微生物菌肥均有显著增产效果，且碱性缓释肥料在 N 肥减量 20% 仍增产显著，N 肥减量 20% 与生物有机肥、微生物菌肥配施对产量无显著影响，在目前的生产条件下，从水稻产量上来看实行 N 肥减量是可行的。

8) 施用碱性缓释肥及与 N 肥减量配施皆可显著提高土壤 pH，有效降低土壤有效态 Cd 含量，并显著降低水稻秸秆及稻米 Cd 含量；施用生物有机肥也可有效提高土壤 pH，降低土壤有效态 Cd 含量，并显著降低水稻秸秆和稻米 Cd 含量，但与氮肥减量时降低水稻秸秆和稻米 Cd 含量的效果不明显；施用微生物菌肥对土壤 pH、土壤有效态 Cd 含量、水稻秸秆和稻米 Cd 含量的影响皆无显著效果。

9) 施用碱性缓释肥、生物有机肥、微生物菌肥时，氮肥减量皆减弱了其对水稻秸秆和稻米的降 Cd 效果，尤其是在配施用生物有机肥时减弱效果显著，但在施用碱性缓释肥时实行氮肥减量减弱效果不明显。

10) 综合产量和水稻降 Cd 效果，施用氮肥减量配施碱性缓释肥可有效提高 N 肥利用率，显著提高水稻产量，并显著降低水稻秸秆和稻米 Cd 含量，较适合中轻度 Cd 污染稻田的水稻生产。

8.2 研 究 展 望

本书所得结果可为农田排水和退水中重金属污染物的生态水利修复提供技术参考，也可为重金属污染农田原位生态修复提供可靠的技术参数。研究过程中，主要围绕我国南方（湖南）农田中典型的重金属污染物——镉（Cd）开展了一系列系统的实验修复技术的研究。因研究时间有限，且可能受到实验条件、研究经费等因素的影响，本书仅针对湖南典型片区稻田 Cd 污染事件开展了研究，未来应该对湖南整片区域的重金属污染农田展开全面研究，并进一步推广全国重金属污染农田研究有序进行，筛选出我国重金属污染严重的农田区域并提出相应的治理措施，保障我国粮食生产安全。

本书研究了重金属在水稻体内的累积和转运过程，阐明了相应的机理，但农田中的重金属不只是单一重金属的污染，是多种重金属的复合，每种金属都有其独有的特性，其在作物体内的累积特性和转运机理可能不尽相同。而且部分金属存在价态的变化，对作物的影响不可预估。另外，重金属不只是土壤的唯一污染物，有机污染物、无机污染物也是土壤污染物的类型之一。因此，土壤污染是一种复合污染，只研究单一污染物是远远不够的，未来将更多偏重复合污染的研究，挖掘其各种污染物类型的内在关系和污染机理。

农田重金属污染问题日益严重，将农田排水沟渠应用于处理农田重金属土壤污染，能够对土壤中的重金属污染彻底去除，真正实现农田生态水利修复。本书对比了生物炭与其他两种常用吸附剂对水体中 Cd 的吸附效果，确定了固液比。然而，生物炭对水体中 Cd 的解吸实验等未进行深入研究。因此，在未来将此项生态减污技术应用的过程中，应继续考察解吸结果，以帮助生物减污渠在运行过程中的运行管理。如何提取水中的生物炭，避免水体受到二次污染，也是未来需要进一步考虑的问题。随着生物炭吸附机理研究的开展，科研人员把制备工程生物炭作为未来应用的新方向。另外，开展的多级生态渠塘装置仅是小型的模拟装置，将其真正应用于未来的大型农田退水的生态渠塘中，还需要进行各种参数的运行优化。因此，继续开展该项技术的田间实验，并改进设计参数，才能为重金属污染农田的生态水利修复提供更为可靠和科学的数据支撑和实践经验。

农田重金属污染的修复技术有很多，本书从农田生态修复技术的角度出发，研究了生态萃取及农艺调控对土壤重金属的修复效果及土壤修复产品的研发，但地势不同、环境不同可能会导致土壤类型不同，生态萃取及农艺调控技术对不同土壤重金属的修复效果不同，目前所研发的修复产品也不一定适用，未来还要根据实际土壤情况，对生态修复技术进一步优化改进，因地制宜地采取相应的修复技术及手段。

在当前的国情下，未来的重金属污染稻田修复技术发展趋势将会体现在以下几个方面：①从单项向组合、集成的重金属污染耕地土壤综合修复技术发展，提出一体化系统解决方案；②研发可维持土壤肥力的绿色与环境友好的土壤修复技术以满足"边修复、边生产"的要求；③结合矿物学、材料学、纳米科学，针对目标土壤研发环境功能修复材料，并明确修复材料的应用条件、长期效果、生态影响和环境风险；④结合国家休耕政策，针对中重度重金属污染稻田开展植物修复技术及可持续的配套工程技术研发，建立生态循环的农田重金属消减工程技术体系，同步完成农田重金属减量与土壤提质扩容，实现土壤的可持续安全利用。

参 考 文 献

艾建超,王宁,杨净,2014. 基于 UNMIX 模型的夹皮沟金矿区土壤重金属源解析 [J]. 环境科学,35 (9):3530-3536.

白洁,孙学凯,王道涵,2008. 土壤重金属污染及植物修复技术综述 [J]. 环境保护与循环经济,28 (3):49-51.

蔡东,肖文芳,李国怀,2010. 施用石灰改良酸性土壤的研究进展 [J]. 中国农学通报,26 (9):206-213.

蔡彦明,师荣光,张浩,等,2009. 土水界面污染物迁移转化的影响机制研究 [J]. 安徽农业科学,37 (2):800-804.

曹向东,王宝贞,蓝云兰,等,2000. 强化塘-人工湿地复合生态塘系统中氮和磷的去除规律 [J]. 环境科学研究,13 (2):15-20.

陈宝玉,王洪君,曹铁华,等,2010. 不同磷肥浓度下土壤-水稻系统重金属的时空累积特征 [J]. 农业环境科学学报,29 (12):2274-2280.

陈恺林,刘功朋,张玉烛,等,2014. 不同施肥模式对水稻干物质、产量及其植株中氮、磷、钾含量的影响 [J]. 江西农业学报,26 (4):1-5.

陈琨,秦鱼生,喻华,等,2015. 不同肥料/改良剂对冷泥田水稻生长、养分吸收及土壤性质的影响 [J]. 植物营养与肥料学报,21 (3):229-237.

陈朗,宋玉芳,张薇,等,2008. 土壤镉污染毒性效应的多指标综合评价 [J]. 环境科学,29 (9):2606-2612.

陈磊,胡敏予,2014. 重金属污染土壤的植物修复技术研究进展 [J]. 化学与生物工程,4:11-13.

陈同斌,韦朝阳,黄泽春,等,2002. 砷超富集植物蜈蚣草及其对砷的富集特征 [J]. 科学通报,47 (3):207.

陈耀宁,智国铮,袁兴中,等,2016. 基于三角随机模拟和 ArcGIS 的河流水环境健康风险评价模型 [J]. 环境工程学报,10 (4):1799-1806.

陈英旭,2005. 环境学 [M]. 北京:中国环境科学出版社:113-114.

陈喆,张淼,叶长城,等,2015. 富硅肥料和水分管理对稻米镉污染阻控效果研究 [J]. 环境科学学报,35 (12):4003-4011.

陈竹君,周建斌,2001. 污水灌溉在以色列农业中的应用 [J]. 农业环境保护,20 (6):462-464.

程国玲,胥家桢,马志飞,等,2008. 螯合诱导植物修复技术在重金属污染土壤中的应用 [J]. 土壤,40 (1):16-20.

代允超,吕家珑,曹莹菲,等,2014. 石灰和有机质对不同性质镉污染土壤中镉有效性的影响 [J]. 农业环境科学学报,33 (3):514-519.

戴树桂,2001. 环境化学 [M]. 北京:高等教育出版社:217-219.

丁凌云,蓝崇钰,林建平,等,2006. 不同改良剂对重金属污染农田水稻产量和重金属吸收的影响 [J]. 生态环境,15 (6):1204-1208.

杜彩艳,祖艳群,李元,等,2005. pH 和有机质对土壤中镉和锌生物有效性影响研究 [J]. 云南农业大学学报,20 (4):539-543.

参 考 文 献

董家麟, 2018. 土壤重金属污染及修复技术综述 [J]. 节能与环保 (10): 48-51.

辜娇峰, 周航, 吴玉俊, 等, 2016. 复合改良剂对稻田 Cd、As 活性与累积的协同调控 [J]. 中国环境科学, 36 (1): 206-214.

关共凑, 徐颂, 黄金国, 2006. 重金属在土壤-水稻体系中的分布、变化及迁移规律分析 [J]. 生态环境 (2): 315-318.

郭鸿鹏, 朱静雅, 杨印生, 2008. 农业非点源污染防治技术的研究现状及进展 [J]. 农业工程学报, 24 (4): 290-295.

国家环境保护局, 中国环境监测总站, 1990. 中国土壤元素背景值 [M]. 北京: 中国环境科学出版社: 87-98, 342-381.

国家环境保护总局, 2003. 中东部地区生态环境现状调查报告 [J]. 环境保护, 8: 3-8.

国土资源部, 2007. 我国 1.5 亿亩耕地遭污染 [J]. 环境保护 (8): 21.

郝汉舟, 陈同斌, 靳孟贵, 等, 2011. 重金属污染土壤稳定/固化修复技术研究进展 [J]. 应用生态学报, 22 (3): 816-824.

何军, 崔远来, 吕露, 等, 2011. 沟渠及塘堰湿地系统对稻田氮磷污染的去除试验 [J]. 农业环境科学学报, 30 (9): 1872-1879.

侯燕, 2010. 硅藻精土处理洗铜废水中铜离子的试验研究 [D]. 太原: 太原理工大学.

胡蝶, 陈文清, 2011. 土壤重金属污染现状及植物修复研究进展 [J]. 安徽农业科学, 39 (5): 2706-2707, 2710.

胡洁, 梁慧锋, 2011. 重金属污染土壤的植物修复技术 [J]. 广东化工, 38 (4): 160-161.

胡亚虎, 魏树和, 周启星, 等, 2010. 螯合剂在重金属污染土壤植物修复中的应用研究进展 [J]. 农业环境科学学报 (11): 2055-2063.

胡莹, 黄益宗, 段桂兰, 等, 2012. 镉对不同生态型水稻的毒性及其在水稻体内迁移转运 [J]. 生态毒理学报, 7 (6): 664-670.

华珞, 白铃玉, 韦东普, 等, 2002. 锌镉复合污染对小麦籽粒镉累积的影响和有机肥调控作用 [J]. 农业环境保护, 21 (5): 393-398.

环境保护部, 国土资源部, 2014. 全国土壤污染状况调查公报 [J]. 中国环保产业 (5): 10-11.

黄春雷, 宋金秋, 潘卫丰, 2011. 浙东沿海某地区大气干湿沉降对土壤重金属元素含量的影响 [J]. 地质通报, 30 (9): 1434-1441.

黄秋婵, 韦友欢, 韦方立, 等, 2011. 硅对镉胁迫下水稻幼苗茎叶生物量及其镉含量的影响 [J]. 广东农业科学 (4): 33-35.

黄钟霆, 周振, 罗岳平, 2009. 湘江霞湾港段底泥的含镉量分布研究 [J]. 环境污染与防治, 31 (7): 56-58.

甲卡拉铁, 喻华, 冯文强, 等, 2009. 不同磷、钾肥对水稻产量和吸收镉的影响研究 [J]. 西南农业学报, 22 (4): 990-995.

甲卡拉铁, 喻华, 冯文强, 等, 2010. 氮肥品种和用量对水稻产量和镉吸收的影响研究 [J]. 中国生态农业学报, 18 (2): 281-285.

姜国辉, 周雪梅, 李玉清, 等, 2012. 不同浓度镉水灌溉对土壤及水稻品质的影响 [J]. 水土保持学报, 26 (5): 264-267.

姜琴, 郁海金, 施振云, 2006. 水稻化学氮肥减量施用的有效途径 [J]. 上海交通大学学报 (农业科学版), 24 (5): 452-455.

蒋培, 宗良纲, 沈莉萍, 等, 2009. 镉污水灌溉下芦蒿生长及镉富集特性研究 [J]. 安全与环境学报, 9 (4): 1-4.

焦文涛, 蒋新, 余贵芬, 等, 2005. 土壤有机质对镉在土壤中吸附-解吸行为的影响 [J]. 环境化学, 24 (5): 545-549.

金晶, 高国龙, 王庆, 等, 2018. 螯合剂 GLDA 淋洗修复土壤重金属污染研究 [J]. 绿色科技, (18): 108-112, 116.

赖木收, 杨忠芳, 王洪翠, 等, 2008. 太原盆地农田区大气降尘对土壤重金属元素累积的影响及其来源探讨 [J]. 地质通报, 27 (2): 240-245.

雷丹, 2012. 湖南重金属污染现状分析及其修复对策 [J]. 湖南有色金属, 28 (1): 57-60.

雷蕾, 陈玉成, 杨志敏, 等, 2012. 镉在次级河流底泥中吸附解吸特性及其风险评估 [J]. 水资源保护, 28 (4): 24-27.

李慧, 刘艳, 卢海威, 等, 2016. 湖南镉污染农田土壤钝化后两个品种水稻的生长效应 [J]. 安全与环境学报, 16 (6): 298-302.

李婧, 周艳文, 陈森, 等, 2015. 我国土壤镉污染现状、危害及其治理方法综述 [J]. 安徽农学通报, 21 (24): 104-107.

李力, 陆宇超, 刘娅, 2012. 玉米秸秆生物炭对 Cd (Ⅱ) 的吸附机理研究 [J]. 农业环境科学学报, 31 (11): 2277-2283.

李录久, 王家嘉, 李东平, 等, 2013. 减量施氮对水稻生长和肥料利用效率的影响 [J]. 安徽农业科学, 41 (1): 99-100, 103.

李念, 李荣华, 冯静, 等, 2015. 粉煤灰改良重金属污染农田的修复效果植物甄别 [J]. 农业工程学报, 31 (16): 213-219.

李庆华, 2014. 人工湿地植物重金属分布规律及富集性研究 [D]. 西安: 长安大学.

李湘萍, 王传斌, 张建光, 等, 2018. 生物炭对水中重金属及有机物去除的应用现状 [J]. 石油学报 (石油加工), 34 (5): 1047-1056.

李祥平, 齐剑英, 陈永亨, 等, 2011. 广州市主要饮用水源中重金属健康风险的初步评价 [J]. 环境科学学报, 31 (3): 547-553.

李永丽, 刘静玲, 2009. 滦河流域不同时空水环境重金属污染健康风险评价 [J]. 农业环境科学学报, 28 (6): 1177-1184.

李玉清, 周雪梅, 姜国辉, 等, 2012. 含镉水灌溉对水稻产量和品质的影响 [J]. 灌溉排水学报, 3 (4): 120-123.

李元, 祖艳群, 2016. 重金属污染生态与生态修复 [M]. 北京: 科学出版社: 213-220.

李园星露, 叶长城, 刘玉玲, 等, 2018. 硅肥耦合水分管理对复合污染稻田土壤 As-Cd 生物有效性及稻米累积阻控 [J]. 环境科学, 39 (2): 944-952.

李兆龙, 1993. 硅藻土在废水处理中的应用 [J]. 上海环境科学, 12 (4): 37-39.

梁丽华, 王新科, 郑现明, 等, 2014. 西安市黑河水源地水环境健康风险评价 [J]. 干旱区资源与环境, 28 (10): 140-144.

廖敏, 黄昌勇, 谢正苗, 1998. 施加石灰降低不同母质土壤中镉毒性机理研究 [J]. 农业环境保护, (3): 101-103.

廖敏, 黄昌勇, 谢正苗, 1999. pH 对镉在土水系统中的迁移和形态的影响. 环境科学学报, 19 (1): 81-86.

林华, 张学洪, 梁延鹏, 等, 2014. 复合污染下 Cu、Cr、Ni 和 Cd 在水稻植株中的富集特征 [J]. 生态环境学报, 23 (12): 1991-1995.

刘春生, 宋国菡, 史衍玺, 等, 2002. 棕壤和褐土的酸淋溶特征 [J]. 水土保持学报, 16 (3): 5-8.

刘军, 侯佳男, 黄爽, 2016. 辽宁省地下饮用水源水环境健康风险评价 [J]. 沈阳建筑大学学报 (自然科学版),32(1):177-185.

刘俊,李静,赵运林,等,2011. 湘江大源渡枢纽底泥中镉、铅的污染特征及其潜在生态风险评价 [J]. 中国环境监测,27(6):9-13.

刘丽,秦普丰,李细红,等,2011. 湘江株洲段水环境健康风险评价 [J]. 环境科学与管理,36(4):173-176.

刘丽,1999. 小凌河污水灌溉对水稻作物影响的分析 [J]. 辽宁城乡环境科技,19(1):43-46.

刘鑫垚,冼萍,李小明,等,2014. 河流底泥沉积态重金属污染风险预测模型的建立 [J]. 广西大学学报(自然科学版),39(3):586-590.

刘永兵,贾斌,李翔,等,2013. 海南省南渡江新坡河塘底泥养分状况及重金属污染评价 [J]. 农业工程学报,29(3):213-224.

刘勇,刘燕,朱光旭,等,2019. 石灰对 Cu、Cd、Pb、Zn 复合污染土壤中重金属化学形态的影响 [J]. 环境工程,37(2):158-164.

刘昭兵,纪雄辉,彭华,等,2010. 水分管理模式对水稻吸收累积镉的影响及其作用机理 [J]. 应用生态学报,21(4):908-914.

刘昭兵,纪雄辉,彭华,等,2012. 磷肥对土壤中镉的植物有效性影响及其机理 [J]. 应用生态学报,23(6):1585-1590.

刘昭兵,纪雄辉,彭华,等,2011. 不同生育期水稻对 Cd、Pb 的吸收累积特征及品种差异 [J]. 土壤通报,42(5):1125-1130.

刘昭兵,纪雄辉,王国祥,等,2010. 赤泥对 Cd 污染稻田水稻生长及吸收累积 Cd 的影响 [J]. 农业环境科学学报,29(4):692-769.

龙水波,曾敏,周航,等,2014. 不同水分管理模式对水稻吸收土壤砷的影响 [J]. 环境科学学报,34(4):1003-1008.

龙玉梅,刘杰,傅校锋,等,2019. 4 种 Cd 超富集/富集植物修复性能的比较 [J]. 江苏农业科学,47(8):296-300.

鲁滔,张光贵,2014. 长江岳阳段水环境健康风险评价 [J]. 环保科技(1):22-25.

罗艳,张世熔,徐小逊,等,2014. 可降解螯合剂对镉胁迫下籽粒苋根系形态及生理生化特征的影响 [J]. 生态学报,34(20):5774-5781.

吕文英,周树杰,龚明睿,等,2009. 珠江广州段鸦岗断面底泥中重金属的生态危害评价 [J]. 环境与健康杂志,26(2):135-137.

吕文英,周树杰,黄强南,2009. 珠江长州断面底泥重金属污染潜在生态危害评价 [J]. 水资源保护,25(3):22-25.

毛亮,靳治国,高扬,等,2011. 微生物对龙葵的生理活性和吸收重金属的影响 [J]. 农业环境科学学报,30(1):29-36.

梅明,刘庆,廖金阳,2014. 湖北省某矿山河道底泥重金属污染调查与评价 [J]. 武汉工程大学学报,36(1):33-37.

米铁,胡叶立,余新明,2013. 活性炭制备及其应用进展 [J]. 江汉大学学报(自然科学版),41(6):5-12.

明景熙,1993. 啤酒助滤剂硅藻土的开发与应用 [J]. 合肥科技(2):7-9.

倪彬,王洪波,李旭东,等,2010. 湖泊饮用水源地水环境健康风险评价 [J]. 环境科学研究,23(1):74-79.

聂发辉,2005. 关于超富集植物的新理解 [J]. 生态环境,14(1):136-138.

聂亚平,王晓维,万进荣,等,2016. 几种重金属(Pb、Zn、Cd、Cu)的超富集植物种类及增强植物修

复措施研究进展 [J]. 生态科学 (2): 174-182.

欧阳晓光, 郭芬, 2012. 城市垃圾焚烧烟气中重金属的源项解析和干沉降影响研究. 环境科学与管理, 37 (12): 64-67.

潘义宏, 王宏镔, 谷兆萍, 等, 2010. 大型水生植物对重金属的富集与转移 [J]. 生态学报, 23: 6430-6441.

彭世彰, 高焕芝, 张正良, 2010. 灌区沟塘湿地对稻田排水中氮磷的原位消减效果及机理研究 [J]. 水利学报, 41 (4): 406-412.

彭世彰, 张正良, 罗玉峰, 等, 2009. 灌排调控的稻田排水中氮素浓度变化规律 [J]. 农业工程学报, 25 (9): 21-27.

钱忠龙, 2007. 连年氮肥减量对水稻产量的影响 [J]. 浙江农业科学 (4): 428-429.

乔俊, 颜廷梅, 薛峰, 等, 2011. 太湖地区稻田不同轮作制度下的氮肥减量研究 [J]. 中国生态农业学报, 19 (1): 24-31.

秦普丰, 雷鸣, 郭雯, 2008. 湘江湘潭段水环境主要污染物的健康风险评价 [J]. 环境科学研究, 21 (4): 190-195.

曲荣辉, 张曦, 李合莲, 等, 2016. 不同锌水平对低剂量镉在水稻中迁移能力的影响 [J]. 中国生态农业学报, 24 (4): 517-523.

沙乐乐, 2015. 水稻镉污染防控钝化剂和叶面阻控剂的研究与应用 [D]. 武汉: 华中农业大学.

沈欣, 朱奇宏, 朱捍华, 等, 2015. 农艺调控措施对水稻镉积累的影响及其机理研究 [J]. 农业环境科学学报, 34 (8): 1449-1454.

史静, 李正文, 龚伟群, 等, 2007. 2 种常规水稻 Cd、Zn 吸收与器官分配的生育期变化: 品种、土壤和 Cd 处理的影响 [J]. 生态毒理学报, 2 (1): 32-40.

史新, 徐应明, 谢忠雷, 等, 2012. 膨润土对镉胁迫下水稻幼苗生理生化特性的影响 [J]. 生态与农村环境学报, 28 (6): 687-693.

史新慧, 王贺, 张福锁, 2006. 硅提高水稻抗镉毒害机制的研究 [J]. 农业环境科学学报, 25 (5): 1112-1116.

司昌亮, 卢文喜, 侯泽宇, 等, 2013. 水稻各生育阶段分别受旱条件下产量及敏感系数差异性研究 [J]. 节水灌溉 (7): 10-12.

宋伟, 陈百明, 刘琳, 2013. 中国耕地土壤重金属污染概况 [J]. 水土保持研究, 20 (2): 293-298.

宋焱, 徐颂军, 张勇, 2013. 白云山地表水重金属健康风险不确定性评价 [J]. 地球科学进展, 28 (9): 1036-1042.

宋玉婷, 雷泞菲, 李淑丽, 2018. 植物修复重金属污染土地的研究进展 [J]. 国土资源科技管理, 35 (5): 58-68.

宋正国, 徐明岗, 刘平, 等, 2008. 锌对土壤镉有效性的影响及其机制 [J]. 农业环境科学学报, 27 (3): 889-893.

苏伟, 刘景双, 王洋, 2007. 第二松花江干流水环境健康风险评价 [J]. 自然资源学报, 22 (1): 79-85.

孙树青, 胡国华, 王勇泽, 等, 2006. 湘江干流水环境健康风险评价 [J]. 安全与环境学报, 6 (2): 12-15.

孙鑫, 娄燕宏, 王会, 等, 2017. 重金属污染土壤的植物强化修复研究进展 [J]. 土壤通报 (4): 1008-1013.

孙正国, 2015. 龙葵对镉污染土壤的响应及其修复效应研究 [J]. 江苏农业科学, 43 (10): 397-401.

索炎炎, 吴士文, 朱骏杰, 等, 2012. 叶面喷施锌肥对不同镉水平下水稻产量及元素含量的影响 [J].

浙江大学学报（农业与生命科学版），38（4）：449-458．

锁义，谢祖芳，2001．硅藻土助滤剂的非传统用途及其研究［J］．广西化工，10（3）：23-26．

汤春芳，2015．旱柳和狭叶香蒲对重金属吸收及其活性炭吸附的比较研究［D］．长沙：中南林业科技大学．

汤海涛，李卫东，孙玉桃，等，2013．不同叶面肥对轻度重金属污染稻田水稻重金属积累调控效果研究［J］．湖南农业科学，1：40-44．

唐浩，朱江，黄沈发，等，2013．蚯蚓在土壤重金属污染及其修复中的应用研究进展［J］．土壤，45（1）：17-25．

王斌，康娜英，张明，2018．重金属污染土壤修复技术综述［J］．广东化工，45（7）：211-212．

王鹤扬，2013．北京市西城区水环境健康风险评价研究［J］．环境科学与管理，38（11）：163-167．

王辉，孙丽娜，刘哲，等，2015．浑河水环境健康风险特征研究［J］．生态毒理学报，10（2）：394-402．

王金贵，2012．我国典型农田土壤中重金属镉的吸附—解吸特征研究［D］．杨凌：西北农林科技大学．

王静，林春野，陈瑜琦，等，2012．中国村镇耕地污染现状原因及对策分析［J］．中国土地科学，26（2）：25-30．

王开峰，彭娜，王凯荣，等，2008．长期施用有机肥对稻田土壤重金属含量及其有效性的影响［J］．水土保持学报，22（1）：105-108．

王凯荣，张玉烛，胡荣桂，2007．不同土壤改良剂对降低重金属污染土壤上水稻糙米铅镉含量的作用［J］．农业环境科学学报，26（2）：476-481．

王立群，罗磊，马义兵，等，2009．重金属污染土壤原位钝化修复研究进展［J］．应用生态学报，20（5）：1214-1222．

王丽娜，李鸿程，2015．东洞庭湖水环境健康风险评价［J］．岳阳职业技术学院学报，30（4）：88-90．

王丽萍，周晓蔚，黄小锋，2008．饮用水水源地健康风险评价［J］．水资源保护，24（4）：14-17．

王宁，李九玉，徐仁扣，2007．土壤酸化及酸性土壤的改良和管理［J］．安徽农学通报，13（23）：48-51．

王林，周启星，孙约兵，2008．氮肥和钾肥强化龙葵修复镉污染土壤［J］．中国环境科学（10）：915-920．

王玲梅，韦朝阳，杨林生，等，2010．两个品种水稻对砷的吸收富集与转化特征及其健康风险［J］．环境科学学报，30（4）：832-840．

王琴，连长伟，2014．地福来细胞肥在水稻上的施用效果［J］．现代化农业，12：48-49．

王庆海，却晓娥，2013．治理环境污染的绿色植物修复技术［J］．中国生态农业学报，21（2）：261-266．

王秀斌，唐栓虎，荣勤雷，等，2015．不同措施改良反酸田及水稻产量效果［J］．植物营养与肥料学报，21（2）：404-412．

王岩，王建国，李伟，等，2010．生态沟渠对农田排水中氮磷的去除机理初探［J］．生态与农村环境学报，26（6），586-590．

王永平，杨万荣，廖芳芳，等，2015．镉低积累作物筛选及其与超富集植物间套作应用进展［J］．广东农业科学，42（24）：92-98．

王永强，肖立中，李诗殷，等，2010．镉对水稻的毒害效应及其调控措施研究进展［J］．中国农学通报，26（3）：99-104．

王芸，张建辉，赵晓军，2007．污灌农田土壤镉污染状况及分布特征研究［J］．中国环境监测，23（5）：71-74．

王泽民, 2000. 硅藻土助滤剂在水过滤中的应用 [J]. 工业水处理, 20 (8): 4-7.
韦朝阳, 陈同斌, 2001. 重金属超富集植物及植物修复技术研究进展 [J]. 生态学报 (7): 1196-1203.
卫泽斌, 陈晓红, 吴启堂, 等, 2015. 可生物降解螯合剂 GLDA 诱导东南景天修复重金属污染土壤的研究 [J]. 环境科学 (5): 1864-1869.
魏岚, 刘传平, 邹献中, 等, 2015. 和龙水库水质调查与健康风险评价 [J]. 安全与环境学报, 15 (5): 324-329.
魏树和, 周启星, 王新, 等, 2004. 一种新发现的镉超积累植物龙葵 (Solanum nigrum L.) [J]. 科学通报, 49 (24): 2568-2573.
温华, 魏世强, 2005. 镉污染土壤植物萃取技术的研究进展 [J]. 四川有色金属 (2): 41-45.
文志琦, 赵艳玲, 崔冠男, 等, 2015. 水稻营养器官镉积累特性对稻米镉含量的影响 [J]. 植物生理学报, 51 (8): 1280-1286.
吴辰熙, 祁士华, 苏秋克, 等, 2006. 福建省兴化湾大气沉降中重金属的测定 [J]. 环境化学, 25 (6): 781-784.
吴青, 崔延瑞, 汤晓晓, 等, 2015. 生物可降解螯合剂谷氨酸 N, N-二乙酸四钠对污泥中重金属萃取效率的研究 [J]. 环境科学, 36 (5): 1733-1738.
向倩, 许超, 张杨珠, 等, 2014. 控释尿素对污染土壤镉有效性的影响 [J]. 中国环境科学, 34 (12): 3150-3156.
向长生, 祝万鹏, 张鹏义, 等, 2003. 人工湿地植物生长停滞期处理农田排灌余水的中试研究 [J]. 农业环境科学学报, 22 (6): 681-684.
肖振林, 王果, 黄瑞卿, 等, 2008. 酸性土壤中有效态镉提取方法研究 [J]. 农业环境科学学报, 27 (2): 795-800.
谢华, 赵雪梅, 谢洲, 等, 2016. 皇竹草对酸与 Cd 污染农田土壤的治理效果及安全应用分析 [J]. 农业环境科学学报, 35 (3): 478-484.
解静芳, 郭晓君, 杨彪, 等, 2010. 污水灌溉和镉胁迫对菠菜品质的影响 [J]. 华北农学报, 25 (1): 204-207.
谢运河, 纪雄辉, 黄涓, 等, 2015. 有机物料和钝化剂对低 Cd 环境容量土壤黑麦草与桂牧 1 号轮作的 Cd 安全分析 [J]. 草业学报, 24 (3): 30-37.
谢运河, 纪雄辉, 田发祥, 等, 2017. 不同 Cd 污染特征稻田施用钝化剂对水稻吸收积累 Cd 的影响 [J]. 环境工程学报, 11 (2): 1242-1250.
熊仕娟, 徐卫红, 谢文文, 等, 2015. 纳米沸石对土壤 Cd 形态及大白菜 Cd 吸收的影响 [J]. 环境科学, 36 (12): 4630-4641.
徐东昱, 金洁, 颜钰, 等, 2014. X 射线光电子能谱与 ^{13}C 核磁共振在生物质碳表征中的应用 [J]. 光谱学与光谱分析, 321 (12): 3415-3418.
徐剑锋, 王雷, 熊瑛, 等, 2017. 土壤重金属污染强化植物修复技术研究进展 [J]. 环境工程技术学报 (3): 366-373.
徐良将, 张明礼, 杨浩, 2011. 土壤重金属镉污染的生物修复技术研究进展 [J]. 南京师范大学学报: 自然科学版, 34 (1): 102-106.
许超, 欧阳东盛, 朱乙生, 等, 2014. 叶面喷施铁肥对菜心重金属累积的影响 [J]. 环境科学与技术, 37 (11): 20-25.
薛洪宝, 常华兰, 陶兆林, 等, 2011. 玉米发芽过程中 Cd 和硫醇化合物相互作用的研究 [J]. 农业环境科学学报, 30 (5): 824-829.
薛培英, 刘文菊, 刘会玲, 等, 2010. 中轻度砷污染土壤-水稻体系中砷迁移行为研究 [J]. 土壤学报,

47(5):872-879.

荀志祥,王世泽,王明新,等,2018. 超声强化 EDDS/EGTA 淋洗修复重金属污染土壤 [J]. 环境工程学报(6):1766-1774.

颜惠君,王伯勋,唐仲,等,2018. 田间水肥管理措施及石灰施用对水稻 Cd As 积累的影响 [J]. 农业环境科学学报,37(7):1448-1455.

杨忠平,卢文喜,龙玉桥,等,2009. 长春市城区大气湿沉降中重金属及 pH 值调查 [J]. 吉林大学学报(地球科学版),3(5):887-894.

杨忠平,卢文喜,龙玉桥,2009. 长春市城区重金属大气干湿沉降特征 [J]. 环境科学研究,22(1):28-34.

易杰祥,吕亮雪,刘国道,2006. 土壤酸化和酸性土壤改良研究 [J]. 华南热带农业大学学报,12(1):23-28.

殷汉琴,周涛发,陈永宁,等,2011. 铜陵市大气降尘中 Cd 元素污染特征及其对土壤的影响 [J]. 地质论评,57(2):218-222.

尹美娥,1992. 利用排放的咸水进行灌溉 [J]. 灌溉排水,11(3):29-32.

于晓莉,刘强,2011. 水体重金属污染及其对人体健康影响的研究 [J]. 绿色科技(10):123-126.

俞映倞,薛利红,杨林章,2013. 太湖地区稻田不同氮肥管理模式下氨挥发特征研究 [J]. 农业环境科学学报,32(8):1682-1689.

袁江,李晔,许剑臣,等,2016. 可生物降解螯合剂 GLDA 和植物激素共同诱导植物修复重金属污染土壤研究 [J]. 武汉理工大学学报,38(2):82-86.

袁希慧,王菲风,张江山,2011. 基于区间数的饮用水源地水环境健康风险模糊评价 [J]. 安全与环境学报,11(4):129-133.

曾成城,陈锦平,马文超,等,2016. 水淹生境下秋华柳对镉污染土壤的修复能力 [J]. 生态学报,36(13):3978-3986.

曾希柏,苏世鸣,马世铭,等,2010. 我国农田生态系统重金属的循环与调控 [J]. 应用生态学报,21(9):2418-2426.

曾希柏,徐建明,黄巧云,等,2013. 中国农田重金属问题的若干思考 [J]. 土壤学报,50(1):186-194.

张光贵,2013. 洞庭湖水环境健康风险评价 [J]. 湿地科学与管理,9(4):26-29.

张会曦,梁普兴,李颖仪,等,2019. 单一及复合绿色螯合剂对苋菜镉、砷的富集影响研究 [J]. 中国农学通报,35(30):112-118.

张晶,苏德纯,2012. 秸秆炭化后还田对不同镉污染农田土壤中镉生物有效性和赋存形态的影响 [J]. 农业环境科学学报,31(10):1927-1932.

张丽娜,宗良纲,付世景,等,2006. 水分管理方式对水稻在 Cd 污染土壤上生长及其吸收 Cd 的影响 [J]. 安全与环境学报,6(5):49-52.

张乃明,2001. 大气沉降对土壤重金属累积的影响 [J]. 土壤与环境,10(2):91-93.

张喜成,2011. 水稻高产群体结构研究 [J]. 北方水稻,41(4):7-11.

张小江,宗志强,叶静宏,等,2020. 土壤重金属污染强化电动修复研究进展 [J/OL]. 东华大学学报(自然科学版):1-10. http://kns.cnki.net/kcms/detail/31.1865.N.20201222.1146.002.html.

张晓惠,陈红,焦永杰,等,2015. 饮用水功能区水环境健康风险阈值体系研究 [J]. 环境污染与防治,37(7):88-93.

张雪霞,张晓霞,郑煜基,等,2013. 水分管理对硫铁镉在水稻根区变化规律及其在水稻中积累的影响 [J]. 环境科学,34(7):2837-2846.

张亚丽, 沈其荣, 姜洋, 2001. 有机肥料对镉污染土壤的改良效应 [J]. 土壤学报, 38 (2): 212-218.

张琰, 卢海燕, 2016. 东江博罗县段水环境健康风险评价 [J]. 广州化工, 44 (9): 144-147.

张燕, 2013. 农田排水沟渠对氮磷的去除效应及管理措施 [D]. 中国科学院研究生院 (东北地理与农业生态研究所).

张英, 朱守晶, 揭雨成, 等, 2018. 重金属富集植物种质资源收集研究进展 [J]. 南方农业, 12 (27): 187-188.

张永熙, 陈传群, 王寿祥, 等, 1996. 硅藻土和膨润土对锶-89的吸附 [J]. 浙江农业大学学报 (6): 108-109.

张云霞, 宋波, 宾娟, 等, 2019. 超富集植物藿香蓟 (Ageratum conyzoides L.) 对镉污染农田的修复潜力 [J]. 环境科学, 40 (5): 457-463.

章明奎, 刘兆云, 周翠, 2010. 铅锌矿区附近大气沉降对蔬菜中重金属积累的影响 [J]. 浙江大学学报 (农业与生命科学版), 36 (2): 221-229.

赵冬, 颜廷梅, 乔俊, 等, 2011. 稻季田面水不同形态氮素变化及氮肥减量研究 [J]. 生态环境学报, 20 (4): 743-749.

赵根成, 廖晓勇, 阎秀兰, 等, 2010. 微生物强化蜈蚣草累积土壤砷能力的研究 [J]. 环境科学, 31 (2): 431-436.

赵其国, 骆永明, 2015. 论我国土壤保护宏观战略 [J]. 中国科学院院刊, 30 (4): 452-458.

赵其国, 黄国勤, 马艳芹, 2013. 中国南方红壤生态系统面临的问题及对策 [J]. 生态学报, 33 (24): 7615-7622.

郑德凤, 苏琳, 李红英, 等, 2014. 基于随机模拟与三角模糊数耦合模型的地下水环境健康风险评价研究 [J]. 环境科学与管理, 39 (10): 154-158.

郑君健, 刘杰, 张学洪, 等, 2013. 重金属污染土壤植物修复及强化措施研究进展 [J]. 广东农业科学, 40 (18): 159-164.

中华人民共和国卫生部, 中国国家标准化管理委员会, 2017. 食品中镉的测定方法: GB/T 5009.15—2003 [S]. 北京: 中国标准出版社.

周建利, 邵乐, 朱凰榕, 等, 2014. 间套种及化学强化修复重金属污染酸性土壤——长期田间试验 [J]. 土壤学报, 51 (5): 1056-1065.

周利强, 尹斌, 吴龙华, 等, 2013. 有机物料对污染土壤上水稻重金属吸收的调控效应 [J]. 土壤, 45 (2): 227-232.

周启星, 吴燕玉, 熊先哲, 1994. 重金属Cd-Zn对水稻的复合污染和生态效应 [J]. 应用生态学报, 5 (4): 438-441.

祝慧娜, 袁兴中, 曾光明, 等, 2010. 基于动态聚类分析的水环境健康风险综合评价 [J]. 湖南大学学报 (自然科学版), 37 (9): 73-78.

祝振球, 周静, 徐磊, 等, 2017. 不同重金属钝化材料对土壤胶体的影响 [J]. 生态与农村环境学报, 33 (2): 188-192.

庄国泰, 2015. 我国土壤污染现状与防控策略 [J]. 中国科学院院刊, 30 (4): 477-483.

邹滨, 曾永年, Benjamin F Z, 等, 2009. 城市水环境健康风险评价 [J]. 地理与地理信息科学, 25 (2): 94-98.

邹海明, 李粉茹, 官楠, 等, 2006. 大气中TSP和降尘对土壤重金属累积的影响 [J]. 中国农学通报, 22 (5): 393-395.

左旭东, 疏飞琴, 张文英, 等, 2015. 地福来藻类活性细胞肥在水稻上的应用效果研究 [J]. 现代农业科技, 14: 221-222.

ADILOGLU A, 2002. The effect of zinc (Zn) application on uptake of cadmium (Cd) in some cereal species [J]. Archives of Agronomy and Soil Science, 48: 553-556.

AHMAD M, RAJAPAKSHA A U, Lim J E, et al, 2014. Biochar as a sorbent for contaminant management in soil and water: A review [J]. Chemosphere, 99: 19-33.

ARAO T, KAWASAKI A, BABA K, et al, 2009. Effects of water management on cadmium and arsenic accumulation and dimethylarsinic acid concentrations in Japanese rice [J]. Environmental Science & Technology, 43 (24): 9361-9367.

ARAO T, KAWASAKI A, BABA K, et al, 2009. Effects of water management on cadmium and arsenic accumulation and dimethylarsinic acid concentra-tions in Japanese rice [J]. Environmental Science & Technology, 43 (24): 9361-9367.

BAKER A J M, BROOKS R R, PEASE A J, et al, 1983. Studies on copper and cobalt tolerance in three closely related taxa within the genus Silene L. (Caryophyllaceae) from Zaïre [J]. Plant and Soil, 73 (3): 377-385.

BEESLEY L, JIMÉNEZ E M, EYLES J L G, 2010. Effects of biochar and greenwaste compost amendments on mobility, bioavailability and toxicity of inorganic and organic contaminants in a multi-element polluted soil [J]. Environmental Pollution, 158: 2282-2287.

BEESLEY L, MARMIROLI M, 2011. The immobilisation and retention of soluble arsenic, cadmium and zinc by biochar [J]. Environmental Pollution, 159: 474-480.

BEESLEY L, MORENO-JIMENEZ E, GOMEZ-EYLES J L, et al, 2011. A review of biochars' potential role in the remediation, revegetation and restoration of contaminated soils [J]. Environmental Pollution, 159: 3269-3282.

BIRD M I, WURSTER C M, SILVA P H d P, et al, 2011. Algal biochar-production and properties [J]. Bioresource Technology, 102: 1886-1891.

BROOKS R R, LEE J, REEVES R D, et al, 1977. Detection of nickeliferous rocks by analysis of herbarium specimens of indicator plants [J]. Journal of Geochemical Exploration, 7: 49-57.

BUNLUESIN S, POKETHITIYOOK P, LANZA G R, et al, 2007. Influences of Cadmium and Zinc interaction and humic acid on metal accumulation in *Ceratophyllum demersum* [J]. Water Air and Soil Pollution, 180 (1): 225-235.

CAIRNEY J W, MEHARG A A, 2002. Interactions between ectomycorrhizal fungi and soil saprotrophs: implications for decomposition of organic matter in soils and degradation of organic pollutants in the rhizosphere [J]. Canadian Journal of Botany, 80 (8): 803-809.

CAKMAK I, WELCH R M, ERENOGLU B, et al, 2000. Influence of varied Zn supply on re-translocation of Cd (109Cd) and Rb (86Rb) applied on mature leaf of durum wheat seedlings [J]. Plant and Soil, 219: 279-284.

CANTRELL K B, HUNT P G, UCHIMIYA M, et al, 2012. Impact of pyrolysis temperature and manure source on physicochemical characteristics of biochar [J]. Bioresource Technology, 107: 419-428.

CAO X, HARRIS W, 2010. Properties of dairy-manure-derived biochar pertinent to its potential use in remediation [J]. Bioresource Technology, 101: 5222-5228.

CHEN X, CHEN G, CHEN L, et al, 2011. Adsorption of copper and zinc by biochars produced from pyrolysis of hardwood and corn straw in aqueous solution [J]. Bioresource Technology, 102: 8877-8884.

CHRISTENSEN T H, 1987. Cadmium soil sorption at low concentrations: V. Evidence of competition by other heavy metals [J]. Water Air & Soil Pollution, 34 (3): 293-303.

CUI R P, 1995. Study of Arsenic distribution in different part of rice [J]. Guizhou Environmental protection Science and Technolog, 1 (1): 31-32.

DACH J, STARMANS D, 2005. Heavy metals balance in Polish and Dutch agronomy: Actual state and previsions for the future [J]. Agriculture Ecosystems & Environment, 107 (4): 309-316.

DALENBERG J W, DRIEL W V, 1990. Contribution of atmospheric deposition to heavy-metal concentrations in field crops [J]. Advances in Experimental Social Psychology, 28 (3): 1-51.

DHANKHAR R, SAINGER P A, SAINGER M, 2012. Phytoextraction of Zinc: physiological and molecular mechanism [J]. Soil and Sediment Contamination, 21 (1): 115-133.

DIAS J M, ALVIM-FERRAZ M C M, ALMEIDA M F, et al, 2007. Waste materials for activated carbon preparation and its use in aqueous-phase treatment: A review [J]. Journal of Environmental Management, 85: 833-846.

DUAN G, SHAO G, TANG Z, et al, 2017. Genotypic and environmental variations in grain cadmium and arsenic concentrations among a panel of high yielding rice cultivars [J]. Rice, 10 (1): 9.

DUKU M H, GU S, HAGAN E B, 2011. Biochar production potential in Ghana—A review [J]. Renewable and Sustainable Energy Reviews, 15: 3539-3551.

ELOUEAR Z, BOUHAMED F, BOUZID J, 2014. Evaluation of different amendments to stabilize cadmium, zinc, and copper in a contaminated soil: influence on metal leaching and phytoavailability [J]. Soil and Sediment Contamination: An International Journal, 23 (6): 628-640.

ERIKSSON J E, 1989. The influence of pH, soil type and time on adsorption and by plants of Cd added to the soil [J]. Water, Air and Pollut, 48: 317-335.

ERIKSSON J E, 1990. Effects of nitrogen-containing fertilizers on solubility and plant uptake of cadmium [J]. Water Air & Soil Pollution, 49: 355-368.

EVANKO C R, DZOMBAK D A, 1997. Remediation of metals-contaminated soils and groundwater [J]. MIT System Dynamics in Education Project, 485 (9): 3-22.

GIVESON Z, MASARU T, SHINICHI M, 1996. Characteristics of water reuse and its effects on paddy irrigation system water balance and the rice land ecosystem [J]. Agricultural Water Management, 31: 269-283.

GRAY C W, MOOT D J, MCLAREN R G, et al, 2002. Effect of nitrogen fertilizer applications on cadmium concentrations in durum wheat (Triticum turgidum) grain [J]. New Zealand Journal Crop and Horticultural Science, 30 (4): 291-299.

HE P P, LV X Z, WANG G Y, 2004. Effects of Se and Zn supplementation on the antagonism against Pb and Cd in vegetables [J]. Environment International, 30 (2): 167-172.

HE Q B, SINGH B R, 1994. Crop uptake of cadmium from phosphorus fertilizers yield and cadmium content [J]. Water, Air and Soil Pollution, 74: 251-265.

HOSSAIN M K, STREZOV V, CHAN K Y, et al, 2011. Influence of pyrolysis temperature on production and nutrient properties of wastewater sludge biochar [J]. Journal of Environmental Mangement, 92: 223-228.

INYANG M, GAO B, PULLAMMANAPPALLIL P, et al, 2010. Biochar from anaerobically digested sugarcane bagasse [J]. Bioresource Technology, 101: 8868-8872.

JALIL A, SELLES F, CLARKE J M, 1994. Effect of cadmium on growth and the uptake of cadmium and other elements by durum wheat [J]. Journal of Plant Nutrition, 17 (11): 1839-1858.

JIANG T Y, JIANG J, XU R K, et al, 2012b. Adsorption of Pb (Ⅱ) on variable charge soils amended with rice-straw derived biochar [J]. Chemosphere, 89: 249-256.

KEILUWEIT M, KLEBER M, 2009. Molecular-Level Interactions in Soils and Sediments: The Role of Aromatic π-Systems [J]. Environmental Science & Technology, 43: 3421-3429.

KEILUWEIT M, NICO P S, JOHNSON M G, et al, 2010. Dynamic Molecular Structure of Plant Biomass-Derived Black Carbon (Biochar) [J]. Environmental Science & Technology, 44: 1247-1253.

KLANG-WESTIN E, PERTTU K, 2002. Effects of nutrient supply and soil cadmium concentration on cadmium removal by willow [J]. Biomass and Bioenergy, 23: 415-426.

KOBAYASHI N I, TANOI K, HIROSE A, et al, 2013. Characterization of rapid intervascular transport of cadmium in rice stem by radioisotope imaging [J]. Journal of Experimental Botany, 64 (2): 507-517.

LEHMANN J, JOSEPH S, 2009. Biochar for environmental management: An introduction [M]. Science and Technology Earthscan, London.

LI M, XI X, XIAO G, et al, 2014. National multi-purpose regional geochemical survey in China [J]. Journal of Geochemical Exploration, 139: 21-30.

LI P J, SUN T H, GONG Z Q, 2006. An approach to the theoretical meaning of ecological remediation of contaminated soil [J]. Chinese Journal of Applied Ecology, 17 (4): 747-750.

LIU J G, QIAN M, CAI G L, et al, 2007. Uptake and Translocation of Cd in Different Rice Cultivars and the Relation with Cd Accumulation in Rice Grain [J]. Journal of Hazardous Materials, 143 (1/2): 443-447.

LIU J, MA X, WANG M, et al, 2013. Genotypic differences among rice cultivars in lead accumulation and translocation and the relation with grain Pb levels [J]. Ecotoxicology and Environmental Safety, 90: 35-40.

LIU W J, 2004. Do iron plaque and genotypes affect arsenate uptake and translocation by rice seedlings (*Oryza sativa* L.) grown in solution culture? [J]. Journal of Experimental Botany, 55 (403): 1707-1713.

LIU W, LIANG L, ZHANG X, et al, 2015. Cultivar variations in cadmium and lead accumulation and distribution among 30 wheat (Triticum aestivum L.) cultivars [J]. Environmental Science and Pollution Research, 22 (11): 8432-8441.

LIU Z Y, CHEN G Z, TIAN Y W, 2008. Arsenic tolerance, uptake and translocation by seedlings of three rice cultivars [J]. Acta Ecologica Sinica, 28 (7): 3228-3235.

LUCEYDOO L M, FAUSEY N R, BROWN L C, et al, 2002. Early development of vascular vegetation of constructed wetlands in northwest Ohio receiving agricultural waters [J]. Agriculture Ecosystems and Environment, 88: 89-94.

LUO L, MA Y, ZHANG S, et al, 2009. An inventory of trace element inputs to agricultural soils in China [J]. Journal of Environmental Management, 90 (8): 2524-2530.

MA J F, YAMAJI N, 2006. Silicon uptake and accumulation in higher plants [J]. Trends in Plant Science, 11 (8): 392-397.

MAIR N A, MCLAUGHLIN M J, HEAP M, et al, 2002. Effects of nitrogen source and calcium lime on soil pH and potato yield, leaf chemical composition and tuber cadmium concentrations [J]. Journal of Plant Nutrition, 25 (3): 523-544.

MITCHELL L G, GRANT C A, RACZ G J, 2000. Effect of nitrogen application on concentration of cadmium and nutrient ions in soil solution and in durum wheat [J]. Canada Journal of Soil Science, 80 (1): 107-115.

NAN Z, LI J, ZHANG J, et al, 2002. Cadmium and zinc interactions and their transfer in soil-crop system under actual field conditions [J]. Science of the Total Environment, 285 (1-3): 187-195.

Qian J H, Zayed A, Zhu Y L, et al, 1999. Phytoaccumulation of Trace Elements by Wetland Plants: III. Uptake and Accumulation of Ten Trace Elements by Twelve Plant Species [J]. Journal of Environmental Quality, 28 (5): 1448-1455.

RAFIQ M T, AZIZ R, YANG X, et al, 2014. Cadmium phytoavailability to rice (Oryza sativa L.) grown in representative Chinese soils. A model to improve soil environmental quality guidelines for food safety [J]. Ecotoxicology and Environmental Safety, 103: 101-107.

REDDY C N, PATRICK WH J R, 1977. Effect of redox potential and pH on the uptake of Cadmium and lead by rice plants [J]. Journal of Environmental Quality, 6: 259-262.

RIDHA A, ADERDOUR H, ZINEDDINE H, et al, 1998. Aqueou silver (I) adsorption on a low density Moroccansilicate [J]. Annales de Chimie Science des Matériaux, 23: 161-164.

RODDA M S, LI G, REID R J, 2011. The Timing of Grain Cd Accumulation in Rice Plants: the Relative Importance of Remobilization within the Plant and Root Cd Uptake Post-flowering [J]. Plant and Soil, 347 (1/2): 105-114.

SHINOGI Y, KANRI Y, 2003. Pyrolysis of plant, animal and human waste: physical and chemical characterization of the pyrolytic products [J]. Bioresource Technology, 90: 241-247.

SMITH S R, 2009. A critical review of the bioavailability and impacts of heavy metals in municipal solid waste composts compared to sewage sludge [J]. Environment International, 35: 142-156.

SUN K, JIN J, KEILUWEIT M, et al, 2012. Polar and aliphatic domains regulate sorption of phthalic acid esters (PAEs) to biochars [J]. Bioresource Technology, 118: 120-127.

SUN L N, ZHANG Y H, SUN T H, et al, 2006. Temporal-spatial distribution and variability of cadmium contamination in Shenyang Zhangshi irrigation area, China [J]. Journal of environmental sciences, 18 (6): 1241-1246.

SUN Y, SUN G, XU Y, et al, 2013. Assessment of sepiolite for immobilization of cadmium-contaminated soils [J]. Geoderma, 193-194: 149-155.

TANAKA K, FUJIMAKI S, FUJIWARA T, et al, 2003. Cadmium Concentrations in the Phloem Sap of Rice Plants (Oryza saliva L.) Treated with a Nutrient Solution Containing Cadmium [J]. Soil Science and Plant Nutrition, 49 (2): 311-313.

TENG Y G, WU J, LU S, et al, 2014. Soil and soil environmental quality monitoring in China: A review [J]. Environment International, 69: 177-199.

TONG X J, LI J Y, YUAN J H, et al, 2011. Adsorption of Cu (II) by biochars generated from three crop straws [J]. Chemical Engineering Journal, 172: 828-834.

TSADILAS C D, KARAIVAZOGLOU N A, Tsotsolis N C, et al, 2005. Cadmium uptake by tobacco as affected by liming, N form and year of cultivation [J]. Environmental Pollution, 134: 239-246.

TSCHUSCHKE S, SCHMITT-WREDE H P, GREVEN H, et al, 2002. Cadmium resistance conferred to yeast by a non-metallothionein-encoding gene of the earthworm Enchytraeus [J]. Journal of Biological Chemistry, 277 (7): 5120-5125.

UCHIMIYA M, KLASSON K T, WARTELLE L H, et al, 2011a. Influence of soil properties on heavy metal sequestration by biochar amendment: Copper sorption isotherms and the release of cations [J]. Chemosphere, 82: 1431-1437.

UCHIMIYA M, LIMA I M, KLASSON K T, et al, 2010a. Immobilization of Heavy Metal Ions (Cu (Ⅱ), Cd (Ⅱ), Ni (Ⅱ) and Pb (Ⅱ)) by Broiler Litter-Derived Biochars in Water and Soil [J]. Journal of Agricultural and Food Chemistry, 58: 5538-5544.

UCHIMIYA M, WARTELLE L H, KLASSON K T, et al, 2011b. Influence of Pyrolysis Temperature on Biochar Property and Function as a Heavy Metal Sorbent in Soil [J]. Journal of Agricultural and Food Chemistry, 59: 2501-2510.

URAGUCHI S, MORI S, KURAMATA M, et al, 2009. Root-to-shoot Cd translocation via the xylem is the major process determining shoot and grain cadmium accumulation in rice [J]. Journal of Experimental Botany, 60 (9): 2677-2688.

US ENVIRONMENTAL PROTECTION AGENCY, 1986. Superfund public health evaluation manual [S]. Washington DC: Office of Emergency and Remedial Response.

XIE Y, JI X, HUANG J, et al, 2015. Effect of organic manure, passivator and their complex on the bioavailability of soil Cd [J]. Meteorological and environmental research, 6 (6): 48-52, 57.

XU D Y, ZHAO Y, SUN K, et al, 2014. Cadmium adsorption on plant-and manure-derived biochar and biochar-amended sandy soils: Impacts of bulk and surface properties [J]. Chemosphere, 111: 320-326.

XU X Y, CAO X D, ZHAO L, et al, 2013. Removal of Cu, Zn and Cd from aqueous solutions by the dairy manure-derived biochar [J]. Environmental Science and Pollution Research, 20: 358-368.

YANG Y, CHEN W, WANG M, et al, 2016. Regional accumulation characteristics of cadmium in vegetables: Influencing factors, transfer model and indication of soil threshold content [J]. Environmental Pollution, 219: 1036-1043.

YANG Y, WANG M, CHEN W, et al, 2017. Cadmium accumulation risk in vegetables and rice in southern China: Insights from solid-solution partitioning and plant uptake factor [J]. Journal of Agricultural and Food Chemistry, 65 (27): 5463-5469.

ZHOU H, ZHU W, YANG W T, et al, 2018. Cadmium uptake, accumulation and remobilization in iron plaque and rice tissues at different growth stages [J]. Ecotoxicology and Environmental Safety, 152: 91-97.

ZHUANG P, LU H P, LI Z, 2014. Multiple exposure and effects assessment of heavy metals in the population near mining area in South China [J]. PLoS One, 9 (4): e94484.